黄河流域畜禽粪污资源化利用集成技术及典型案例

全国畜牧总站◎编

中国农业科学技术出版社

图书在版编目(CIP)数据

黄河流域畜禽粪污资源化利用集成技术及典型案例 / 全国畜牧总站编 . --北京：中国农业科学技术出版社，2023. 12
ISBN 978-7-5116-6692-5

Ⅰ. ①黄…　Ⅱ. ①全…　Ⅲ. ①黄河流域-畜禽-粪便处理-废物综合利用-研究　Ⅳ. ①X713. 05

中国国家版本馆 CIP 数据核字(2024)第 029549 号

责任编辑 闫庆健
责任校对 王　彦
责任印制 姜义伟　王思文

出 版 者 中国农业科学技术出版社
北京市中关村南大街 12 号　　邮编：100081
电　　话 (010) 82106632 (编辑室)　　(010) 82106624 (发行部)
(010) 82109709 (读者服务部)
网　　址 https://castp.caas.cn
经 销 者 各地新华书店
印 刷 者 北京科信印刷有限公司
开　　本 170 mm×240 mm　1/16
印　　张 8. 75
字　　数 166 千字
版　　次 2023 年 12 月第 1 版　2023 年 12 月第 1 次印刷
定　　价 80. 00 元

《黄河流域畜禽粪污资源化利用集成技术及典型案例》

编　委　会

主　编：左玲玲　王加亭　张利宇　杨军香

副主编：齐　晓　龚成珍　杨　帆　王靖楠

张　眉　王丽霞　卫世腾

编　者：（按姓氏笔画排序）

仲海顺　刘迎春　刘桂珍　刘高平

祁仲龚　纪全喜　李南西　杨建春

肖普辉　张定安　张莲芳　张湘宜

陈兴平　周元清　孟成明　徐泽君

目　录

畜禽粪污微生物综合治理集成技术

一、集成技术

（一）技术模式

该技术分为前处理、一次发酵、后处理三个过程。

前处理：将堆肥原料运到堆场后，经磅秤称量后，送到混合搅拌装置旁，与厂内生产、生活有机废水混合，加入复合菌，并按原料成分粗调堆肥料水分（60%）、碳氮比（25∶1），混合后进入下一工序。

一次发酵：将混合好后的原料用装载机送入一次发酵池或堆成发酵堆，2d 左右（根据气温条件而定）进行翻堆，并补充水分和养分，控制发酵温度在 50~65℃，进行有氧发酵，发酵周期为 45~60d，发酵好的半成品出料后，进入下一工序。

后处理：进一步对堆肥成品进行筛分，筛下物根据水分含量高低分别进行处理。将筛下物按比例添加中微量元素搅拌混合造粒制成成品后，进行分装，入库待售。筛上物返回粉碎工序进行回用。

（二）工艺流程（图 1-1）

该技术工艺流程为作物秸秆物理脱水→干原料破碎→分筛→混合（菌种+鲜畜禽粪便+粉碎的农作物秸秆按比例混合）→堆腐发酵→温度变化观测→鼓风→翻堆→水分控制→分筛→成品→包装→入库。

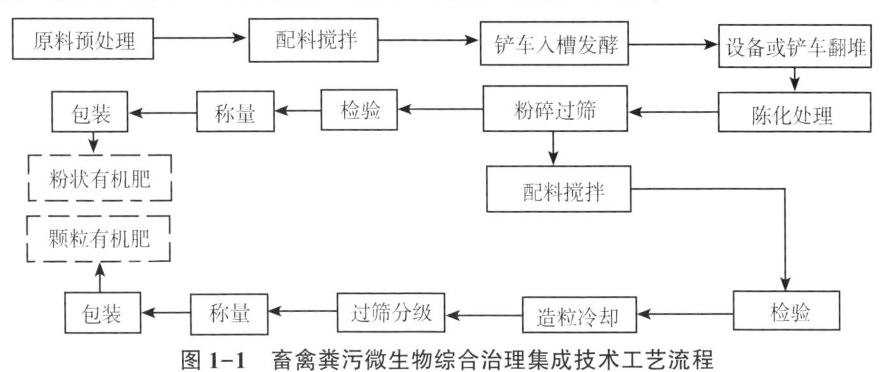

图 1-1　畜禽粪污微生物综合治理集成技术工艺流程

二、配套设施装备

（一）化验设备

水泵、电子天平、紫外线可见分光光度计、火焰光度计、水分测定仪、超声波清洗器、消煮炉、超纯水机、水循环真空泵、真空干燥箱、鼓风干燥箱、恒温水浴锅、电炉、离心机、磁力加热搅拌器、粉碎机-分析仪器、水浴恒温振荡器、海能定氮操作系统 V1.0、凯氏定氮仪、石墨消解仪、15m^3不锈钢电恒温发酵罐（图 1-2）、稳压器、变频器、高纯氢气发生器、单相隔离变压器、静音无油空气泵、生化培养箱、电热式压力蒸汽灭菌器、手提式压力蒸汽灭菌器。

（二）生产设备

恒温培养振荡器、有机肥输送设备、10 万 t 有机肥蒸汽转鼓造粒机、不锈钢二分器、私服控制器、自动包装机、管式分离机、冻干机、有机肥自动包装生产线、烘干机、冷却机、卧式粉碎机、全不锈钢摇摆管式分离机、蒸汽转鼓造粒机、包膜机、有机肥双烘双冷生产线、热风机、圆盘造粒机、烘干机、减速机、洗涤塔风机、电子配料秤、有机肥蒸汽转鼓造粒机。

（三）除尘设备

螺旋扑粉机、旋风除尘设备、布袋除尘设备、玻璃钢净化塔。

三、典型案例

图 1-2　不锈钢电恒温发酵罐

内蒙古亿民生物科技有限公司位于突泉县永安镇四家子村，养殖基地有 1 万只肉羊，年产养殖废弃物 1 万 t，建设有机肥堆腐场地 2 万 m^3，加工厂房 1.1 万 m^2，生物菌加工车间 1 200m^2，生物菌研发生产线一条，有机肥加工生产线两条；每条有机肥生产线年产量 10 万 t，两条生产线年生产能力 20 万 t。实验、化验室 1 200m^2，具有专业化的研发设计、实验化验、检验检测、中试生产等仪器设备设施条件，能够自行完成原料和成品的检验检测、化验。基地每年收集自产的羊粪和养殖废弃物 1 万 t，收购周边的畜禽粪便和废弃的秸秆等有机废弃物 20 万 t，归集后进行添加菌剂堆腐发酵，经过多次翻抛，将腐熟的有机肥进行粉碎、筛分、制粒或粉剂直接装袋销售。

四、取得成效

（一）经济效益

2022 年销售收入为 6 248. 55万元，同比增长 88. 88%，经营业态良好，两条生产线累计年产能 20 万 t，可实现年产值 5 亿元。其中，每年资源化利用牲畜粪污 10 万 t、农作物秸秆 10 万 t，每年为当地农牧民创收多达 3 000万元。产业扶贫 690 人，每年用于扶贫资金通过分红模式达 60 余万元，劳务用工方面支持扶贫 59 万元。

（二）生态效益

基地生产的有机肥、微生物菌肥和复合微生物肥料等 20 个产品，具有增加土壤有机质，改善土壤结构，改善作物品质的药、肥、菌等功能。

（三）社会效益

处理养殖废弃物，形成循环经济产业化发展，基地通过购买或用有机肥置换的方式，从当地采购的原材料占所需原材料总量的 90%以上，在当地建立了可靠、稳定的利益联结机制，并将秸秆、粪便变废为宝，以“公司+合作社+农户”创新创业的发展模式和利益联结机制，打造“种植、养殖、加工、废弃物产业化利用”的循环经济模式，切实解决了秸秆露天焚烧废弃、粪便面源污染等问题，降低了污染和能源消耗，实现了农牧业经济循环利用。

推荐单位
内蒙古自治区农牧厅畜牧局
内蒙古自治区兴安盟农牧局畜牧科

申报单位
内蒙古亿民生物科技有限公司

畜禽养殖粪污全量还田集成技术

一、集成技术

（一）技术模式

复合微生物集成技术及应用，是通过应用厌氧+好氧发酵专有的复合微生物菌种驯化扩繁技术和工艺流程设备技术，专业无害化处理各种养殖粪污水，并将其转换为有机肥产品的过程。应用的复合微生物发酵工艺技术，是以多菌种作战的方式，使各种畜禽养殖粪污水或沼液里含有的有害物质得到高度去除，保留扩繁有益菌，将粪污水里的有机生物蛋白通过好氧发酵转化成多种氨基酸和与其共存、共生、共荣的多种有益菌。

该技术对区域内各养殖场产生的粪污进行集中无害化处理。用复合微生物工艺技术及所需的设备把养殖粪污水无害化处理后转换生产有机营养液和各种功能性有机肥料，用于农业种植、土壤改良、重茬病治理、化肥减量（或替代化肥）增产增效，打造新型的绿色农业循环经济产业链。形成“种植、养殖、加工、沼气、市场消纳肥料还田”五环产业+微生物生态技术互补的绿色生态农业良性循环模式，实现粪污资源合理开发利用。

（二）工艺流程（图 2-1）

二、配套设施装备

集成技术配套的主要设施装备（按日处理 400t 粪污水规模设计）：

（一）粪污水处理系统主要设施装备

14kW 污水提升泵 12 台、22kW 鼓风机 6 台、20kW 固液分离机 1 台、9. 60kW 微纳米增氧机 1 台。

（二）粪污水发酵处理主要设施

1 座调节池、3 座沼气池、3 座好氧塘、6 个兼氧培菌罐、地沟、护栏等附属设施。

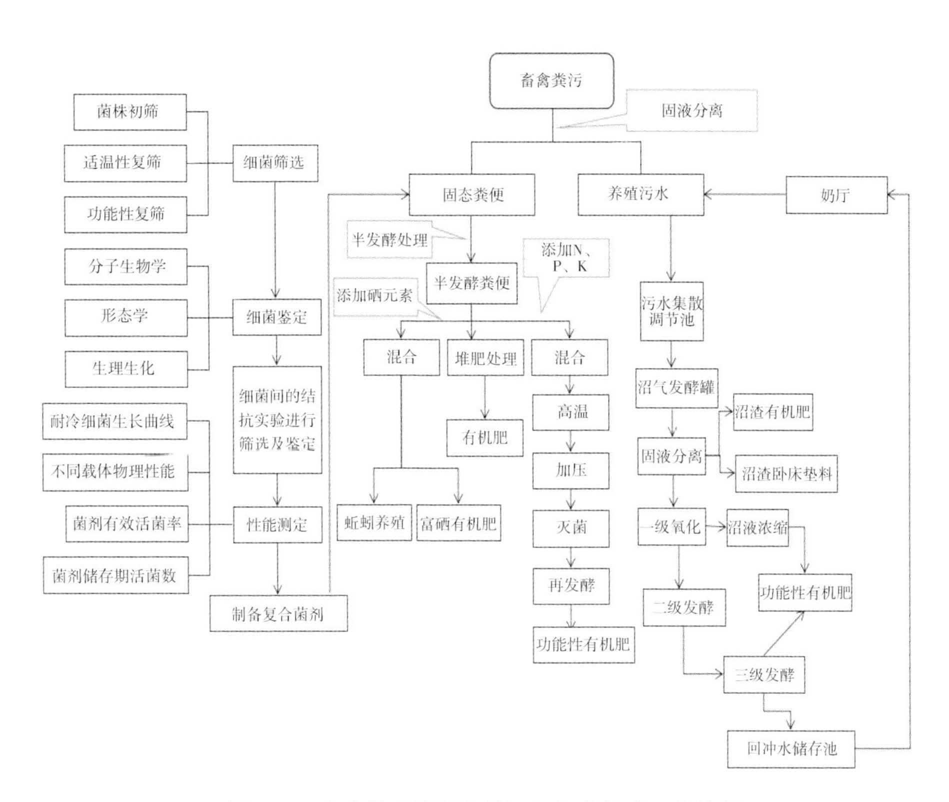

图 2-1　畜禽养殖粪污全量还田集成技术工艺流程

三、典型案例

项目实施地为鄂尔多斯市骑士牧场有限责任公司，总存栏奶牛 1.8 万余头，目前日产鲜奶 280t。本案例应用复合微生物工艺技术对粪污水无害化处理，在鄂尔多斯骑士牧场每日粪污水排量 400t 以上的大型养殖场进行应用示范，综合利用率达到 90% 以上。加工生产的液态复合微生物菌肥和农作物营养液等产品予以无害化还田，用在农作物生产种植方面能有效替代化肥或减少化肥用量，改良土壤板结情况，提高农作物产量和品质，打造乡村绿色农业循环经济链（图 2-2）。

四、取得成效

（一）经济效益

应用该技术每年可无害化处理粪污水 36 万 t，全量还田后可替代或减少

图 2-2　施用沼液肥后玉米长势（马卉良　供图）

化肥施用量 3.6 万 t。全量还田收益约 4 800万元；生产生物有机肥固肥 4 万 t，直接收益约 1 000万元。

（二）生态效益

有效解决了养殖场普遍存在的粪尿流失、污染土壤、污染水资源等问题，畜禽养殖场周边的环境卫生也因此得到改善。粪污水无害化处理后还田消纳减少了化肥的使用，降低农作物耕地的化学污染，保护耕地安全。粪污水无害化处理后回冲粪道循环再利用，也可有效减少对地下水资源的开采耗费。

（三）社会效益

通过集成技术的应用，提升了农作物产量，沼液肥、微生物复合肥料能够提供农作物均衡全面的营养，使其长势旺盛，可以有效地减少病虫害的发生，减少农药的用量，提高农作物品质，降低生产成本，实现养殖企业、农民双收益。

推荐单位	申报单位
内蒙古自治区农牧厅畜牧局	内蒙古天竺环保生物科技有限公司

生猪粪污资源化利用种养结合集成技术

一、集成技术

（一）技术模式

该技术采取“粪污资源+清洁能源+有机肥料”的三位一体技术路线，与生猪规模化养殖重力丁清粪工艺相结合，形成种养结合的粪污资源化利用模式。粪尿经固液分离后，液体采用厌氧无害化处理，处理后的沼液在非施肥季节储存于沼液储存池中，施肥季节则无偿供应给周边农户使用，用于田间施肥；固体粪便及沼渣进行好氧发酵，生产有机肥外售。

（二）工艺流程（图 3-1）

（1）猪舍底部为全漏缝地板结构，猪生活在漏缝地板上部，粪尿掉落在漏缝板上，经猪踩踏掉入漏缝板下，漏缝地板下部为粪便储存池，粪尿可储存 6 个月，粪便储存池设置一定坡度，一端设置粪尿排放口。

（2）在猪群流转后，猪舍底部粪尿排放口依靠重力作用，通过一级、二级管道经观察井到过滤池，再到中转池进行各单元粪尿收集，中转池粪尿经泵送到治污区收集池。

（3）在收集池内，首先由两相流泵将粪尿输送至黑膜沼气池厌氧发酵 60d（灭菌、除臭、降低有机质含量），厌氧发酵过程中可产生固粪、沼液和沼气。

（4）将黑膜沼气池底部的沼渣放至沼渣干化场晾晒，沼渣通过 PE 管流入固粪处理区，固粪处理区一部分是干化区，一部分是发酵区，干化区通过漏粪板+格栅结构的过滤，液体流入沼液储存池，固体运至发酵区内堆肥定期翻抛发酵，发酵腐熟后猪粪在该区域进行人工+机械式晾晒，降低水分；晾晒后猪粪用圆筒筛分机进行筛分除杂。堆肥经过腐熟度检测、质量检测、安全检测合格后销售给当地农户作粪肥使用或运至有机肥厂加工为有机肥。

（5）液体在黑膜沼气池厌氧发酵后，自流至沼液储存池，作为液体有机肥储存于沼液储存池内，在灌溉施肥季节经压力罐通过铺设于周边地块的

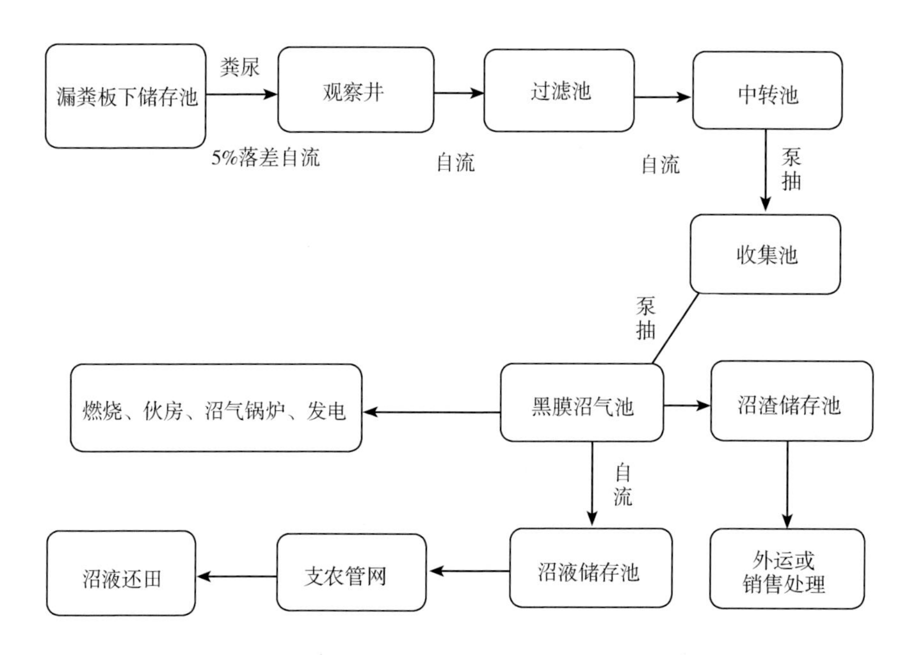

图 3-1　生猪粪污资源化利用种养结合集成技术工艺流程

PVC 管道（也称支农管网）施用于周边农田，作有机肥使用，可改善土壤质地，提高作物产量，在非施肥季节于场内沼液储存池中暂存，不外排。

（6）厌氧发酵产生的沼气经脱硫、脱水后，主要用于火炬燃烧、发电等。后期依据产气情况作综合化利用。

二、配套设施装备

粪污水处理设施有：滚筒筛挤压机、斜板筛、22kW 管道泵、18.5kW 两项流泵、910 风机、固液分离机、45kW 两项流泵、45kW 电机、30kW 双吸泵、30kW 电机、粪水中转池。

粪污水发酵设施有：3 个黑膜沼气池、3 个黑膜储存池、6 个火炬及地沟、护栏等附属设施。

三、典型案例

内蒙古扎赉特牧原农牧有限公司养殖基地年出栏生猪 30 万头，采用全漏缝地板、限位饮水器、高压水枪、喷雾降温、水表管理等措施，全程严格控制生产用水，每头猪粪尿产量为 1m^3 左右。粪尿经固液分离后，将液体厌氧无害化处理，处理后的沼液在非施肥季节储存于沼液储存池中，施肥季节则无偿供应给周边农户使用，用于田间施肥；固体粪便及沼渣进行好氧发酵，生产有机肥销售给周边农牧户。该模式以农产品生产为基础，以固粪、沼液等资源为主导，充分结合农田土地消纳能力和区域环境容量要求，形成养猪生产、环境保护、资源再利用的良性循环。

四、取得成效

（一）经济效益

通过处理30万头生猪产生的粪污，所产生的固体肥料及液体肥料可节约种植成本，有助于提升农作物的产量和品质，农作物增产增收在10%以上。实现农牧结合的生态循环农业、生态保护、农牧民增收的协调发展。

（二）生态效益

随着地方种植业的发展，耕地有机质含量逐年下降，土壤养分不均衡，土壤板结、沙化现象逐渐突出。通过牧原生猪养殖体系的建设，做到养殖与沙地、草地、耕地高效匹配，实行产业化建设生态体系，发挥企业资本及种养结合的模式优势。

（三）社会效益

项目建设提高了畜禽粪污资源化利用的技术水平，带动了当地养殖业的健康发展。随着人民生活水平的不断提高，消费者对安全卫生无污染的绿色、有机农产品的需求不断增加，广大农民迫切需要施用有机肥来提高农产品的市场竞争力。同时为当地农牧民提供多个工作岗位，增加农牧民收入。

推荐单位
内蒙古自治区农牧厅畜牧局
内蒙古自治区兴安盟农牧局畜牧科

申报单位
内蒙古扎赉特牧原农牧有限公司

鸭粪中温厌氧发酵集成技术

一、集成技术

（一）技术模式

该技术主要利用中温厌氧发酵，通过兼性菌和厌氧菌等微生物将废弃物中的有机物分解成甲烷、二氧化碳和水等，进行资源化利用。有机废弃物的厌氧发酵既实现了有机污染物的稳定化，同时又回收了能源。技术核心是采用气液固多相流技术搅拌，具有搅拌均匀、耗能少、防结壳等功能，同时能够保证物料充分厌氧。厌氧发酵是一个多阶段的复杂过程，完成整个消化过程，需要经过四个阶段，即水解阶段、酸化阶段、产乙酸阶段、产甲烷阶段。各阶段之间既相互联系又相互影响，各个阶段都有各自特色微生物群体。该技术厌氧罐内没有机械活动部件，减少了设备故障率，降低了系统的能耗。

（二）工艺流程（图 4-1、图 4-2）

以鸭粪为主要原料，在预处理搅拌罐内调配成含水率 90%～92% 的浆料，并通过格栅机去除杂物后，由进料泵输送至厌氧罐。比重大的砂粒沉积在搅拌罐底部，定期将其从搅拌罐分离去除。

进料泵将预处理后的原料输送至厌氧反应罐，通过循环布料器均匀布料，促使有机物与厌氧活性菌种混合接触，通过厌氧微生物的吸附、吸收和生物降解作用，使有机废弃物转化为以甲烷和二氧化碳为主的沼气。沼气的产生及增加促进了对混合物料的搅拌作用，促使原料与厌氧活性菌种充分接触，提高反应效率。

厌氧产生的沼气经生物脱硫和化学脱硫，硫化氢含量降至 50mg/kg 以下，可用作工业级沼气或发电。厌氧产生的沼液进行固液分离，固体可进入有机肥系统，进一步好氧分解、稳定、陈化后，含水率降至 30%，达到国家有机肥标准；液体中含有大量微量元素，可用于周围农田水肥一体化应用。

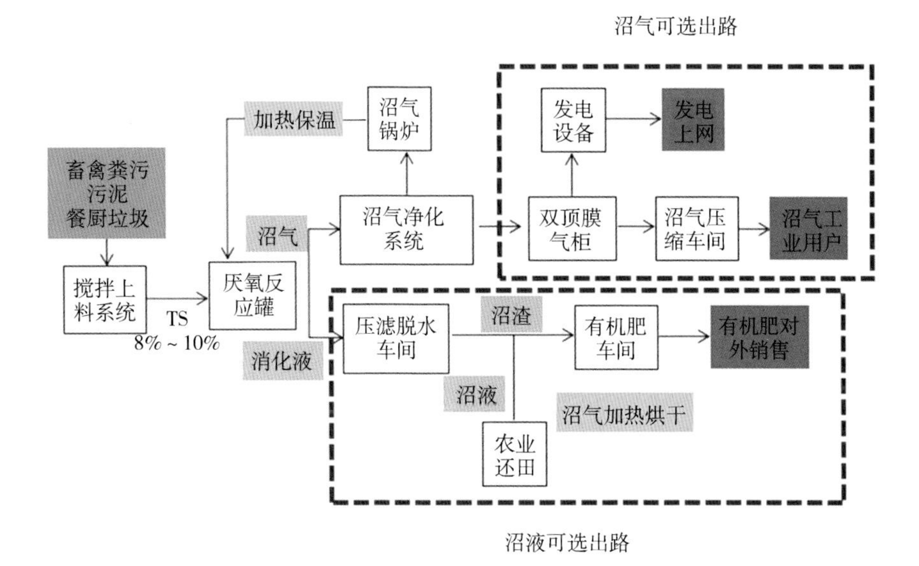

图 4-1　鸭粪处理工艺流程

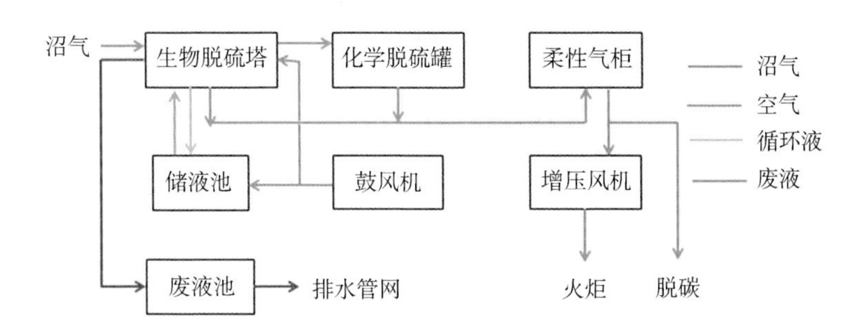

图 4-2　生物脱硫工艺流程

二、配套设施装备

厌氧发酵系统的核心设备为厌氧发酵罐，主要由罐体、水封器、正负压保护装置、保温设施、喷淋系统、双路循环系统、取样口、在线监控系统等组成。

厌氧发酵系统主要设计参数如下：罐体容积 $V_{有效}$ = 8 000m^3，尺寸 Φ18. 5m×H30. 4m，使用寿命>20 年，物料停留时间≥24d，发酵温度 35～38℃，吨产气量≥60Nm^3/t 粪污（TS：15%），VS 分解率≥80%，沼气压力

2.5~3.5kPa，甲烷含量≥55%。

（一）罐体

厌氧发酵罐单体容积8 000m^3，采用焊接罐体，现场制作、安装。

（二）水封器

在厌氧罐沼气出口设置水封器，防止回火和超压运行。

（三）正负压保护装置

厌氧发酵罐设有安全可靠的正、负压保护器，保证厌氧罐在压力超过设定值时释放罐内压力，在罐内出现低于设定负压时破坏真空，对罐体实行有效保护。正负压保护装置在正负压释放管道上装有阻火器，可以防止火源顺释放管道进入消化罐。

（四）保温设施

厌氧发酵罐内部设置有盘管加热系统、罐外设置有套管换热器、罐体外表设置有岩棉保温层及彩钢板。

（五）喷淋系统

厌氧发酵罐体顶部设置喷淋系统，利用循环泵的管道阀门切换，实现从罐顶喷淋，既起到破壳除浮渣的作用，又可以实现罐内消化液的自循环。同时，在发酵泡沫较多时，厌氧罐中的中上部料液经由喷淋管道打入厌氧罐顶部液面，可有效消除泡沫。

（六）取样口

罐体在不同的高度设置有多个不同的取样口，可抽取罐内不同高度的物料进行采样、化验分析。

（七）双路循环搅拌系统

该项目搅拌设计为双路循环搅拌系统。该系统无需机械搅拌，能满足项目基本要求且能长期稳定运行。循环搅拌装置包括内循环搅拌装置和外循环搅拌装置；两套循环搅拌装置结合起来对物料进行搅拌，以内循环搅拌为主，外循环搅拌为辅。

该技术对传统厌氧反应技术进行了创新，克服了传统厌氧反应器存在的高流速下污泥流失、不耐悬浮物、搅拌动力过大、布料不均匀、除浮渣等技术难题。

搅拌动力为循环泵，置于罐体外，循环泵参数如下：流量300m^3/h，扬程18m，功率30kW，运行寿命≥15年。

同时，系统设计有浮渣循环，即将罐体顶部浮渣用泵输送至罐体底部，有助于破除浮渣，同时能够实现浮渣循环，使没有反应彻底的浮渣再次厌氧发酵生产沼气，从而增加系统产气率。浮渣泵参数如下：流量 250m³/h，扬程：15m，功率：22kW。

（八）在线监控系统

每座罐体均配备压力变送器、温度变送器、温度计等仪器仪表设备，用于各数据的在线监测，并在自控系统中实时显示。

三、典型案例

该案例位于山东省临沂市沂南县依汶镇王家庄子村农丰农牧循环产业园内，依托临沂川发中恒能环境治理有限公司，厂区占地 40 亩，总投资 1.56 亿元。2022 年 11 月建成投产，年可处理畜禽粪污 16.4 万 t，年产沼气约 1 570万 m³、发电 3 600万 kW·h，年产有机肥约 5.18 万 t。厌氧（沼气发电）技术的应用，使肉鸭等养殖粪污得到有效处理，生产出氮、磷、钾含量高的有机肥，实现粪污的能源化和资源化利用（图 4-3、图 4-4）。

图 4-3　临沂川发中恒能环境治理有限公司（王军一　供图）

图 4-4　沼气发电机组（王军一　供图）

四、取得成效

中温厌氧发酵技术先后入选国家发展和改革委员会《国家重点推广的低碳技术目录》、E20 环境平台《有机废弃物优秀案例》、E20 环境平台有机废弃物领先企业。

（一）经济效益

临沂川发中恒能环境治理有限公司，年可实现产值约 5 000万元。

（二）生态效益

项目实施后，每年减少污染物排放量总氮 1 073t、总磷 258t，减排二氧化碳 2.1 万 t。有效解决了鸭粪对环境的污染，改善了县域生态环境，促进了区域经济发展。

（三）社会效益

以鸭粪处理和资源化利用为主产业，带动鸭粪收集、运输、有机肥销售等副业的发展，实现该园区种养结合、以地定畜、就地转化、内部循环的核心环节，为沂南县肉鸭养殖产业健康良性发展提供了保证。

推荐单位
山东省畜牧总站
临沂市畜牧发展促进中心
沂南县畜牧发展促进中心

申报单位
临沂川发中恒能环境治理有限公司

蛋鸡粪污一体化智能好氧发酵集成技术

一、集成技术

（一）技术模式

粪污经过地下粪带自动传送系统运送至发酵仓混合区，粪污与辅料混合后，通过智能机器人将混合料分配至1~9号发酵床区域，经7~10d高温发酵腐熟后，转送至陈化车间进行陈化，再通过翻抛机进一步处理，达到水分标定值后进行包装，运输至田间或存储。通过全自动化设备和工艺流程，粪污区域与养殖区在空间上有效分割，符合生物防疫要求。发酵仓采用防腐增强型钢材以及防腐保温性好的保温板材，在气温较低的情况下，有效保证了发酵仓的温度。生产过程中采用密闭发酵方式，发酵温度控制在50~70℃，发酵时间控制在7~10d，使蛔虫卵的死亡率达到95%以上。发酵后产生的污水，需要进入厌氧罐进行厌氧发酵24~48h，再经污水处理系统进行处理，满足灌溉需求。陈化后有机肥进行生产包装，应做到通风、干燥存放，如放到室外需要做好防晒、防雨措施。

（二）工艺流程（图5-1）

粪污与辅料混合完成后，物料堆体开始好氧发酵过程，通过鼓风机为堆体供氧。发酵初期，堆体内的好氧微生物迅速增殖，发酵放热，堆体温度迅速升高，2~3d后发酵进入高温期。通过一体化智能好氧发酵设备自动监测

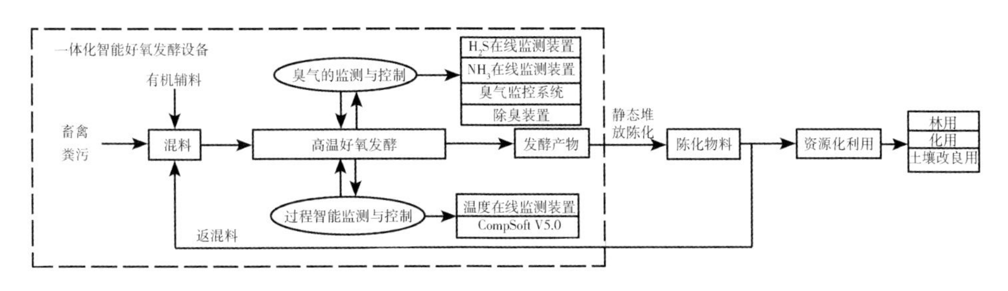

图5-1 蛋鸡粪污一体化智能好氧发酵集成技术工艺流程

和控制系统控制发酵堆体在50～70℃的高温阶段维持5～7d，充分杀灭病原微生物和杂草种子，且物料中的水分在高温期内快速脱除，实现物料的无害化、稳定化和减量化。高温期结束后，使用CTB智能机器人对物料进行翻抛，使不同位置的物料均匀混合，提高发酵产品质量。发酵结束后，腐熟物料经CTB智能机器人输送至进出料区的出料位，通过皮带输送机或车辆将腐熟物料转运到陈化车间，陈化达标后装袋存储或运至田间。

二、配套设施装备

（一）智能好氧发酵仓（图5-2）

好氧发酵仓由防腐增强型钢材和防腐保温性好的保温板材（防腐内层铝镁锰钢板+氟碳漆）以及高分子耐腐材料（顶部）制成。发酵仓内配备有高效曝气系统、冷凝水收集系统、自动隔断防腐折叠门。高效曝气系统，开孔率比传统槽式曝气板提高10倍，从而降低了电费能耗。侧向开孔，防堵耐腐，堵塞故障率降低，检修维护方便。冷凝水收集系统，可以有效控制出料含水率。一体化设备发酵舱门开启，畜禽粪便、有机辅料由自动进料系统从鸡舍经过地下全封闭输送带卸入一体化智能好氧发酵设备的进出料区，随后舱门自动关闭。一体化智能好氧发酵设备可实现进料后的全自动化控制。

（二）CTB智能机器人（图5-3）

模拟人工将畜禽粪便、有机辅料定量的取出运送至生物反应器内，自动将物料充分混合，使混合物料达到适宜的含水率和孔隙度，达到好氧发酵所需的自由空域要求。该设备取代全部人工，可自动完成从进料、发酵到出料的全部操作过程，安全可靠。工作人员能远程监控机器人作业，可视化的操作界面能够通过数据监测、分析及数据智能、数据创新等环节，让生产本身

图5-2　智能好氧发酵仓（王海洲　供图）

图5-3　CTB智能机器人（王海洲　供图）

变得可分析、可管理、可优化。

（三）智能净化中心

智能净化中心，由换风机、氧化塔、酸洗塔、汽水分离器、曝气风机、换气收集管等组成。曝气与除臭系统独立设计、灵活高效运行。同时曝气脱水循环系统，可以使热量回收，控制供气的含水率并回收氮；酸洗塔采用化学洗涤除臭，高效的除臭设计，使得处理时间短，除臭效能高，气体及引风时间大幅增加，促进发酵脱水。

一体化智能好氧发酵设备内为负压、全密闭的结构，臭气不会外逸至设备外。同时，设备内配有除臭系统，发酵过程中产生的臭气及时输送至内置的除臭设备内进行处理，对收集的臭气进行净化，达标后外排，保证厂区周边的环境质量。

整个发酵过程为全自动控制，一体化智能好氧发酵设备内设有自动监控系统，采集的数据经信号采集器输入计算机控制系统，实时反馈并控制鼓风曝气的强度和时间。自动监控系统主要包括发酵过程中温度信号的采集和曝气、除臭装置的运行，该系统采用 CTB 智能控制好氧发酵系统。

三、典型案例

日照农发集团下属子公司日照喜农商业发展有限公司，位于日照市东港区三庄镇下卜落崮村，在养殖场内建设有粪污一体化智能好氧处理系统。

粪污处理中心总占地面积 5 000m^2，蛋鸡场先后投入近 700 万元，配套建设有好氧发酵仓、净化中心间、有机肥包装车间、有机肥陈化车间等，日处理能力达到 60t。只需要 2 人在控制中心操控即可。粪污采用地下粪污带自动传送、高温发酵、自动翻抛、密闭生产，可有效将粪污全部转化为高效肥料，污水经处理后全部用于周边 3 000多亩土地灌溉。一体化智能好氧发酵设备在对蛋鸡粪便处理过程中，一是不会产生额外的废物、废水、废气和噪声，对周围环境零污染；二是全程智能控制，自动进出料、发酵，效果稳定，其中智能机器人承担了自动进出料及发酵过程中的工作，解决了传统堆肥工艺的“脏、臭、累、毒”的问题，发酵过程中无须人工倒运及监测，人员数量和成本节约 50%，发酵周期短；三是供氧高效均匀，独特的内部结构和供氧系统，发酵过程精准控制供氧量，保证曝气系统的高效运行，且维持高温环境，通过实时在线监测数据反馈控制曝气量，节省能耗，综合运行成本较传统工艺低 40%；四是功能高度集成，集输送、混料、发酵、供氧、匀翻、监测、控制、除臭等功能于一体，大大节省了发酵区域占地面积，发酵周期可减少30%；五是处理规模灵活，每套一体化设备运行相对独立，根据实际处理需要可通过简单的增减装置数量调整处理规模，按发酵不同阶段将一体化设备分区设计，结合发酵过程的智能控制、后期匀翻腐熟，保证发酵产品质量的稳定。

四、取得成效

（一）经济效益

每年可生产5 000t左右的高效肥料，产品价值300万元。在龙门崮田园综合体的现代农业产业园里，有3 400余亩的瓜果、蔬菜、绿茶、大田农作物、果园，真正实现了鸡粪的变废为宝和作物的有机种植生产，进一步提高了果蔬、农作物品质和附加值，实现了有机农产品的品牌打造，为社会提供高品质的肉、蛋、有机果蔬等农产品。

（二）生态效益

打造健康环保生态圈，畜禽→粪污→利用→肥料→农作物→畜禽，实现种养业相辅相成，资源充分利用，促进生态良性循环，土壤结构及耕作性能得到改善，不断提高农业生态系统的自我调节能力。同时可以使原有水质、空气得到改善，降低疾病发生率，对于解决农村防疫难、治污难、增收难等问题将发挥重要作用。

（三）社会效益

带动当地农村闲散劳动力从事畜禽粪污处理相关工作，调整农村就业结构，增加了工作岗位和收入，进一步提升周边居民生活质量和幸福感。通过先进高效的粪污处理技术，显著提升、带动当地畜禽养殖业水平，优化以往小棚养殖结构，增加当地优质畜禽数量，大幅提高单产水平，帮助更多养殖户提高经济收入，带动行业发展水平。

推荐单位
山东省畜牧总站
日照市畜牧兽医管理服务中心

申报单位
日照喜农商业发展有限公司

畜禽粪污干式厌氧发酵集成技术

一、集成技术

（一）技术模式（图 6-1）

畜禽粪污干式厌氧发酵集成技术，已完成强化秸秆纤维降解菌剂开发，掌握秸秆破碎、均质混合、制浆、水解等关键工艺技术，完成集成式水解混合仓、制浆机、卧式自推流干式厌氧发酵罐、秸秆筛破一体系统等核心关键装备系统研制，工艺技术和核心装备处于行业领先水平。

该技术主要是将畜禽粪污与破碎秸秆经水解混合后进入干式厌氧发酵罐产生沼气，沼气经生物脱硫、脱水、脱碳等程序后成为生物天然气，产生的沼渣可生产有机肥，产生的少量沼液作为工艺回用或制作高端液体有机肥。整体技术模式如下：

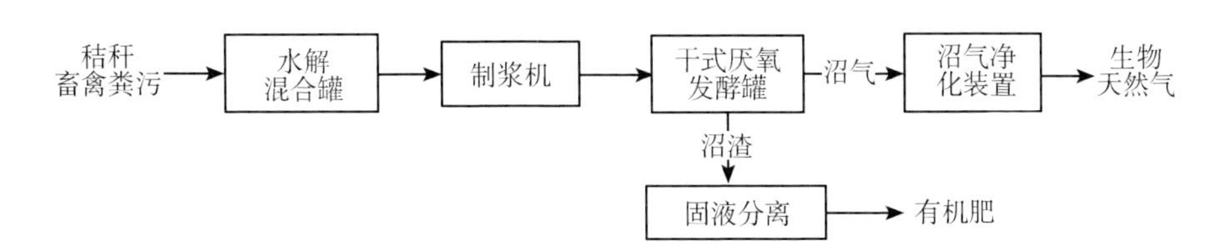

图 6-1　畜禽粪污干式厌氧发酵集成技术模式

（二）工艺流程（图 6-2）

多物料协同自推流式卧式干式厌氧发酵集成技术及配套设施工艺流程如下：畜禽粪污运输至粪污存储池暂存，通过泵将粪污输送到混合水解罐；装载工具把秸秆原料装入秸秆料斗，再经由皮带输送机将秸秆输送到秸秆筛破一体系统进行粉碎，粉碎后的秸秆与粪污进入混合器充分混合均匀后在水解罐中水解储存；经水解后的混合物料进行制浆机精细破碎，制浆后的发酵物料输送到干式厌氧发酵罐。发酵罐发酵余料输送到固液分离机分离后，高含固料部分（沼渣）生产有机肥，固液分离后少量低含固料部分（沼液）回流到发酵罐或制作高附加值液体有机肥；发酵罐产生的沼气通过管道输送到气柜暂存，沼气经脱碳提纯生产生物天然气。

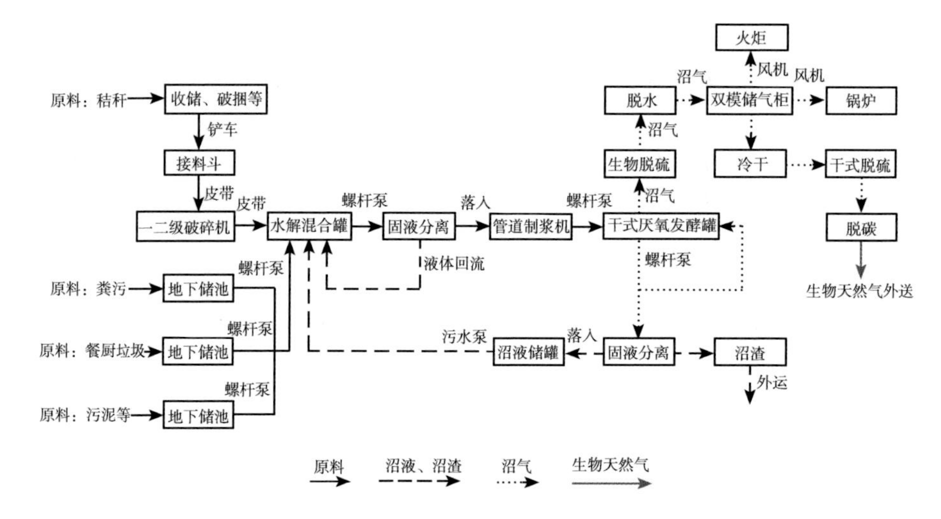

图 6-2　畜禽粪污干式厌氧发酵集成技术工艺流程

二、配套设施装备（图 6-3 至图 6-6）

多物料协同干式厌氧发酵核心装备和主要工艺参数如下：

（一）秸秆筛破一体系统

用于秸秆粉碎。秸秆经过破碎机揉丝、粉碎后长度可达到 5～10mm、宽度 2～3mm。经过大量试验验证，此范围长度秸秆在同样条件厌氧发酵过程中，原料产气量高和单位原料产气量高。设计参数：处理量 2～3t/h、20t/h，处理效果：5～15mm，功率 11kW、160kW。

（二）制浆机

用于秸秆纤维素剥离、制浆。秸秆制浆机采用双轴双螺距螺旋结构，长螺距侧进料，进入短螺距侧通过高压揉挤，剥离并进一步撕短纤维，制浆过程中温度增加起到破坏纤维结构的作用。制浆机设有排气装置，挤出进料侧的空气，以防空气进入干式厌氧发酵罐。设计参数：处理量 8～10t/h，功率 11kW。

（三）卧式自推流干式厌氧发酵罐系统

用于原料厌氧发酵生产沼气。制浆机出料口直接与干式厌氧发酵罐入料口连接，保证了外部空气隔绝，生产的沼气中 O_2 含量<0. 1%；发酵罐内物

料流动性好、搅拌功率低，平均生产每立方米天然气耗电 0.17kW·h；罐内加热采用多段加温、罐壁加温、物料加温等多种方式，保证在进出料过程中、冬夏季交替时罐内温度在（57±1）℃；容积产气率稳定在 3.5m^3/（m^3·d）以上；发酵罐设温度变送器、压力变送器、物位计、料位计等检测仪表，罐顶设正负压保护器。发酵罐内部压力通过正负压保护装置调节，压力范围 2.5~3.0kPa。设计参数：尺寸（直径×高）Φ5.5m×50m，处理量 40t/d，容积产气率>3.5m^3/（m^3·d），功率 22kW。

三、典型案例

依托山东省农业资源优势，在山东省邹城市张庄镇，开展了中试平台验证项目。一期建设规模为一条生产线，年消耗秸秆约 3 650t、畜禽粪污约 10 950t，年产生物天然气约 61.3 万 m^3、有机肥 0.56 万 t、生物菌剂液体制剂 163t、生物菌剂干粉制剂 21t。二期拟扩建 11 条生产线，年消耗秸秆约 43 800t、畜禽粪污约 131 400t，年产生物天然气约 635 万 m^3、固体有机肥 5 万 t。目前项目一期已完成建设并试运行，同时项目二期也在规划设计中。

四、取得成效

（一）经济效益

项目全部实施后，预计实现年产值约 2 亿元，每年碳减排量约 6.50 万 t。在工程总承包、厌氧发酵预处理设备、核心设备及配套设备、生物菌剂生产、销售，生物有机肥生产、销售等方面，均具有良好的市场前景和经济效益。

（二）生态效益

该项目的实施，创建了农业生产-秸秆、畜禽粪污发酵-生物天然气生产-有机肥生产-农业生产的农牧循环经济新模式，有利于构建资源循环型产业体系和废旧物资循环利用体系，对推动实现碳达峰、碳中和，促进生态文明建设具有重大意义。

（三）社会效益

可协同处理农业秸秆和畜禽粪污，推动农业和畜牧业源头减污降碳，形成农村有机固废收运、处理、高附加值产品出售或回用等减量化、资源化、能源化和循环利用模式，为本地至少增加 30 人就业机会。可实现以点带面、技术装备及应用产业链上、下游全覆盖，经扩大推广可在农村固废协同高效处理与资源化领域形成示范效应，助力畜牧业高质量发展。

图 6-3　物料传输和预处理区（余敦耀　供图）

图 6-4　卧式自推流干式厌氧发酵罐系统（余敦耀　供图）

图 6-5　沼气净化区（余敦耀　供图）

图 6-6　储气柜（余敦耀　供图）

推荐单位
山东省畜牧兽医局
济宁市畜牧兽医事业发展中心
邹城市畜牧兽医事业发展中心

申报单位
中国船舶集团环境发展有限公司

畜禽粪污全量异位好氧发酵集成技术

一、集成技术

（一）技术模式

畜禽粪污全量异位好氧发酵集成技术是一项针对高水分粪污特点开发的简便、快速、高效无害化处置技术。通过研制粪污干湿分离效率高、可高效脱水的专用装备，充分利用好氧发酵余热，开发出促进液体粪污均匀喷洒、发酵提温快、曝气效率高、曝气均匀及水分散失快的系列智能化装备及配套技术。

建堆：优选当地碳氮比高、供应稳定的原料，如稻壳、秸秆、菌菇渣等，添加适量畜禽鲜粪或粪水、粪渣和发酵菌剂，含水率控制在50%~60%建堆。

床体翻抛：每日翻抛1~2次，一般在新加粪水渗透到30~40cm处时翻抛。翻抛深度应达到发酵池底部，夏季可适当增加翻抛次数，冬季可适当减少翻抛次数。

湿度管理：粪水或鲜粪应与发酵料拌混均匀，每立方米每天添加量宜控制在20~30kg。定期观察或检测堆体水分情况，含水率不超过65%。

温度管理：温度高于70℃时，加大翻抛频次，以增加填料的透气性；增加粪水的添加频次或添加量；如温度低于50℃以下时，降低粪水喷施量或提高粪水固形物浓度等。

管理：当床体厚度减少量达到20%时，应及时添加返料或者新鲜填料到设计高度。

堆体更新：更新周期灵活，一般可使用1年左右。如需要生产肥料，时间宜运行60d以上，将所有物料清空，建立新的堆体，再次运行。但当堆体出现处理鲜粪能力明显下降或者堆体温度持续下降到50℃时，则应及时把所有物料彻底清出，重新建堆。

（二）工艺流程（图7-1）

优选当地碳氮比高、供应稳定的秸秆等辅料，适量喷洒畜禽鲜粪或粪水、粪渣和发酵菌剂，使堆体含水率控制在50%~60%。通过自走式翻抛机或链板翻抛机与曝气系统联动，通过智能控制系统根据外界气温和堆体水分散失情况调控翻抛频率和曝气时长和频率，使堆体的温度处于50~70℃，经检测达到无害化堆肥产物或有机肥指标后，可作为垫料或肥料。

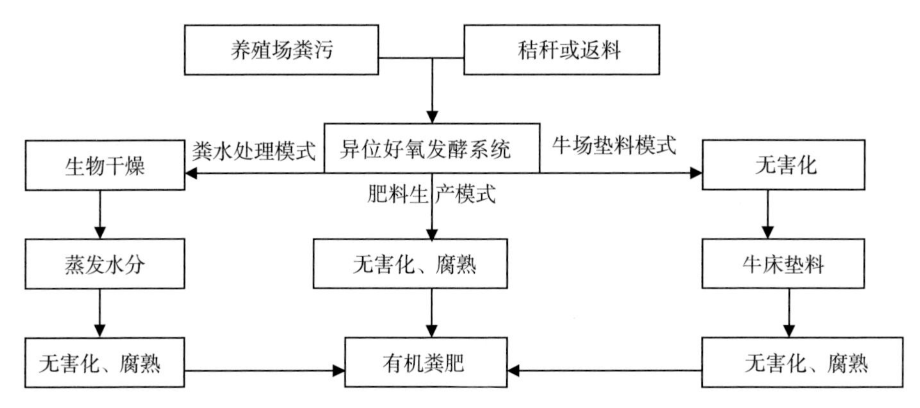

图7-1　畜禽粪污全量异位好氧发酵集成技术工艺流程

二、配套设施装备

畜禽粪污全量异位好氧发酵集成技术及核心配套设施装备主要由固液分离系统、发酵系统、高温曝气系统、发酵设施及温湿度监测系统等组成（表7-1）。

表7-1　畜禽粪污全量异位好氧发酵核心配套设施装备

序号	项目	设备构成	功能及特点	技术参数
1	固液分离系统	固液分离机、格栅及配套管线、皮带机等	用作垫料的养殖粪污应先进行固液分离，分离后的物料含水率≤65%；不做垫料的粪污无需固液分离	固液分离机应符合DG/T 082要求，选型依据处理量而定
2	发酵系统	远程操控翻抛机及配套控制系统	物料翻抛供氧，散失水分，降低氨氮，提高物料松散度。1. 人机分离，远程操控；2. 自动进出料；3. 智能调控每日翻抛次数	发酵场地面积受限项目可选择双向机型，经往复翻抛实现短池发酵。依据场地条件和处理量，选择设备跨度、轮盘尺寸及功率等。可配移位机实现一机两槽

（续表）

序号	项目	设备构成	功能及特点	技术参数
3	高温曝气系统	旭风高温曝气系统	强制送入热空气，缩短发酵起温阶段，蒸发水分，加热灭菌。 1. 高效、节能、使用寿命长； 2. 出风温度高于环境温度	曝气管线安装特制喷嘴，不易堵塞，方便更换。进风量可根据物料性状调整；通风管道采用Φ110、90/60镀锌管，曝气自动控制系统按设定指令分时分段对不同区域进行曝气加氧
4	发酵设施	全封闭发酵温室车间	防寒、加温、透光，利用太阳能大大提升发酵效率和垫料质量；低温、高湿等不利气候条件下正常生产，配合环保设施有效解决异味、粉尘等顽疾。与工业厂房相比，造价成本低，建设工期短	为成套温室设备，不含基建部分，长60m、宽20m、顶高（含基座）7.5m、肩高4.4m，总占地1 400m^2
5	温湿度监控系统	温湿度远程监测设备	中控室配置电脑主机及显示器，远程监视，不控制。电脑全屏显示工艺流程、设备运行状态、发酵车间前后状况（前后共两个摄像头）、发酵温度、曝气压力、曝气风量等	可根据项目投资预算选配

三、典型案例

畜禽粪污全量异位好氧发酵集成技术以宁夏农垦乳业股份有限公司第三奶牛厂牛床垫料作为示范项目，牛场建设全封闭发酵温室车间900m^2，配建发酵槽2个，每个450m^3，配套了双向智能翻抛机、旭风高温曝气系统、固液分离机、温湿度远程监测设备、自动出料系统等，日处理牛粪130m^3，发酵周期7d，发酵温度维持在55～70℃时间不低于5d；年可产垫料30 000 m^3，经检测达到无害化要求，可满足牛场100%垫料需要。经过测算，牛场粪便生产垫料成本大约为25元/m^3（图7-2、图7-3）。

四、取得成效

（一）经济效益

废液处理成本仅为传统污水处理成本的十分之一，甚至更低。处理污水及含水率高的粪污，无需固液分离和单独的水处理系统，可为养殖场节约20万～100万元的设备投入。每立方米垫料节约50～100元成本。产出物可做有机肥原料，每吨有机肥可为养殖场创收200～600元的经济价值。

（二）生态效益

畜禽粪污全量异位好氧发酵集成技术打破固废和液废分别处理的传统理念，使养殖场环保设施不仅“建得起”，也能“用得起”。该技术可以减少恶臭物质的排放，高温气体抑制空气中的致病微生物，改善养殖场及周边空气环境。奶牛场高湿牛粪制备牛床垫料的工艺标准化生产，大大减少粪污排放总量，避免大量采沙造成的生态破坏。

（三）社会效益

畜禽粪污全量异位好氧发酵集成技术，减少了工人劳动强度，其标准化、集成化、智能化粪污处理装备减少土地占用和基建投资，降低养殖场粪污处理设施技术难度，土地占用量为传统模式的50%~70%。垫料利用减少了细沙使用，不用细沙反过来减少了干湿分离对设备的损坏。

图 7-2　全密闭好氧智能发酵系统
（宁夏农垦乳业股份有限公司　供图）

图 7-3　大跨度深槽翻堆机
（宁夏农垦乳业股份有限公司　供图）

推荐单位
山东省畜牧总站
青岛市畜牧工作站
胶州市农业农村局

申报单位
青岛金越隆机械有限公司

山东省

畜禽粪污厌氧发酵集成技术

一、集成技术

（一）技术模式

畜禽粪污厌氧发酵集成技术，其核心技术模式为“预处理+高效厌氧发酵系统+沼气净化系统+沼气/沼肥”。

（二）工艺流程（图 8-1）

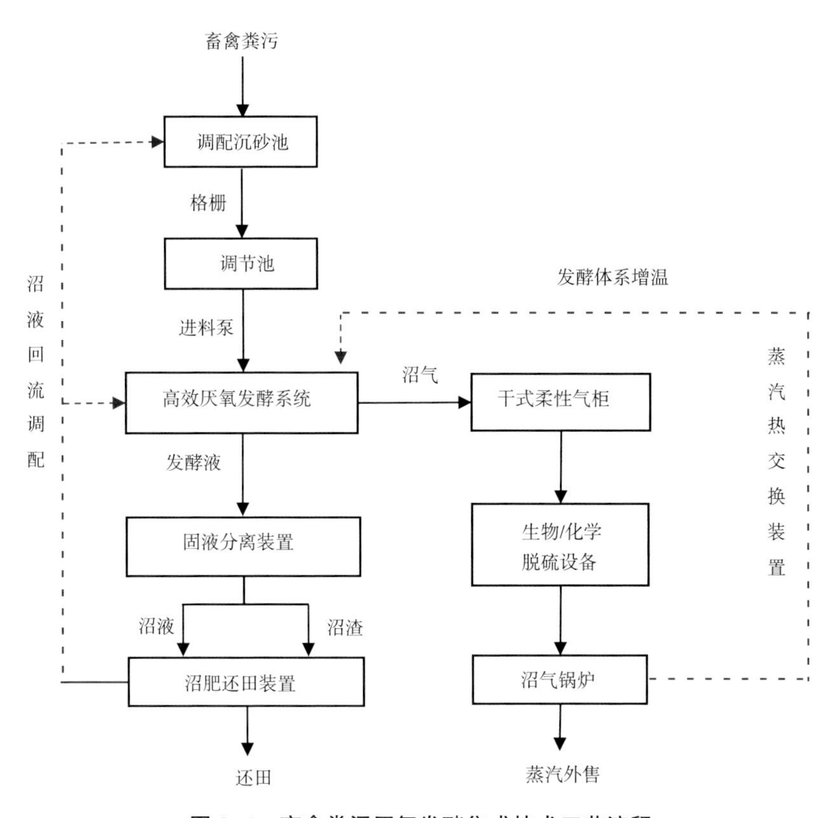

图 8-1　畜禽粪污厌氧发酵集成技术工艺流程

畜禽粪污由运输车运进厂内，从进料口倒入调配沉砂池中，通过搅拌机的机械混合搅拌，将回流沼液和畜禽粪污调配均匀，畜禽粪污中的夹砂部分沉降于池底中部，依靠重力压出外运；调配均匀的上部粪水自流过机械格栅将其中悬浮的杂质去除后进入调节池，并经过泵送入高效厌氧发酵罐；在适宜的温度、酸碱度等条件下进行厌氧发酵，产生的沼气进入柔性气柜储存，经脱硫后用于燃烧制取蒸汽；产生的沼肥外售或用于周边农场施肥。

二、配套设施装备

畜禽粪污厌氧发酵集成技术及配套设施装备，按照不同功能可分为预处理及进料单元、厌氧发酵单元、沼肥加工利用单元、沼气利用单元、控制系统等（表 8-1）。

表 8-1　畜禽粪污厌氧发酵资源化利用技术及配套设施装备

序号	单元	设备名称	用途及特点	技术参数
1	预处理及进料单元	调配沉砂池	调配原料，去除杂物	配套搅拌机、液位计等
		机械格栅	畜禽粪污杂物去除	回转式，粒径超过 2cm 不可通过
		搅拌机	调配物料	叶轮材质：不锈钢
2	厌氧发酵单元	厌氧发酵罐	良好的传质效果，菌种耐受性强。	有效容积 5 000m^3，含加热、保温系统
		沼液罐	储存沼液	拼装罐，有效容积 5 000m^3
3	沼肥加工利用单元	固液分离机	对发酵液进行固液分离	处理量：12m^3/h，分离后固体含固率≥20%，液体含固率≤2%
		沼液洒播车	沼液运输及洒播一体式设计	有效容积 10~30m^3
4	沼气利用单元	独立气柜	沼气储存	柔性双层膜式气柜，含气柜风机、凝水器
		沼气脱硫系统	沼气中的硫化氢脱除	生物脱硫+化学脱硫
		沼气蒸汽锅炉	制取蒸汽外供	介质：沼气，压力：1.25MPa，温度：192℃，配套水处理系统
5	控制系统		系统装置自动/远程控制及运营参数监测	配置在线探头、气动电动阀门、仪器仪表、工业软控系统

三、典型案例

畜禽粪污厌氧发酵集成技术及配套设施装备，目前已成功应用于青岛市平度市崔家集畜禽粪污资源化综合利用项目。该项目总投资约 9 400万元，于 2021 年完成项目建设，2022 年正式投产运营。不仅充分发挥了畜禽粪污处理中心的作用，还兼具分布式能源站作用和有机肥料供应站的功能。实施后每年可处理约 9 万 t 畜禽粪污，年产沼气约 900 万 m^3、沼肥约 8 万 t。其中生产的沼气约相当于 470 万 m^3 天然气，可生产蒸汽约 5 万 t；产生的沼液可替代或部分替代 2 万~5 万亩农田化肥使用量。

畜禽粪污综合利用：项目所在地崔家集镇位于平度市西南 35km 处，是青岛市畜牧产品生产强镇，辖区大、中型规模养殖企业 110 余家，专业养殖户 230 余家，其中，项目周边 20km 运输半径范围内 80%以上的畜禽粪污被华睿弘盛公司进行厌氧发酵资源化利用。

沼气利用：项目于 2022 年投产以来，已收集处理畜禽粪污超过 5 万 t，沼气产量超过 400 万 m^3。为所在园区企业提供工业蒸汽（图 8-2），目前已与 6 家企业签订蒸汽供应协议，既实现了能源循环高效使用，又为企业节约了能源成本。

沼液利用：当前施用该项目沼液的农田约 1.5 万亩，主要用作基肥。为进一步实现沼肥科学化、机械化还田，开发出了沼肥运输洒播车。经验证，沼液的施用能够加速分解田地中的农作物秸秆，并且能够改善土壤性状。施用沼肥的农作物，产量和品质明显提高，2022 年至今，使用沼肥的农作物种类包括胡萝卜、韭菜、小麦、玉米、马铃薯、大葱、姜等，增产量均超过 10%，品质明显提高，以韭菜为例（图 8-3），产量提高 30%以上。

图 8-2　崔家集项目蒸汽供应布局
（刘迎春　供图）

图 8-3　施用沼肥的韭菜生长情况
（刘迎春　供图）

四、取得成效

（一）经济效益

经检测，该项目沼液中氮含量为14.2g/L、钾含量为12.7g/L、有机质含量为35g/L、腐植酸含量为31.1g/L。项目年产沼液约8万t，其含氮量约相当于尿素2 400t、含钾量相当于钾肥1 700t，有机质及腐植酸含量约相当于普通有机肥6 000t。按照当前肥料市场价格，项目每年可为当地种植户节省肥料投资超过4 000万元。每年还可为畜禽养殖场节约粪污处理成本约110万元，为畜禽养殖和农业种植配套的屠宰厂和饲料厂节约用能成本约200万元。

（二）生态效益

畜禽养殖污染状况得到明显改善，保护了土壤和地表水的水质，沼液具有生物肥料和生物农药双重功效，降低了碳排放和农药、化肥使用量，促进生态环境良性循环。施用沼肥能够有效提高土壤有机质含量，改善土壤养分结构，农作物产量提高15%以上，药残风险大大降低。

（三）社会效益

实现了畜禽粪污减量化、无害化、资源化利用，对改善居民生活环境、促进资源综合利用、推进乡村振兴具有积极作用。另外，直接提供就业岗位8个，畜禽粪污收储运、沼液运输、沼液喷洒等间接工作岗位超过20个。同时培养了一批畜禽粪污资源化利用方面技术人员，为今后畜禽粪污资源化利用储备了人才。

推荐单位
山东省畜牧总站
青岛市畜牧工作站
平度市农业农村局

申报单位
青岛华睿弘盛能源科技有限责任公司

肉鸡粪污好氧发酵集成技术

一、集成技术

（一）技术模式

在好氧条件下，通过好氧菌的作用，分解鸡粪等有机废弃物，利用有机废弃物的分解热蒸发掉废弃物中的水分，使有机废弃物变为优质有机肥。

（二）工艺流程

采用密闭式好氧发酵机，对鸡粪和死鸡、饲料下脚料等进行发酵处理。通过全自动刮粪机和刮粪带，将养殖产生的粪污，采用不落地、不接触空气，直接输送到立式发酵罐中，发酵罐内部有可以输送空气和进行搅拌的桨叶，动植物原料置于全密闭的罐体中，液压驱动系统带动桨叶旋转，在控制系统的作用下，进行全自动发酵。处理后的有机肥是一种富含有机质和植物生长所需养分的优质有机肥，可直接施用于农田。

主要技术指标：发酵周期共27d，立式发酵罐发酵7d，陈化周期为20d。罐体容积设计为30m^3，处理规模设计为16.0t。每日进出料各1次，进料量2.30t，经除杂、粉碎等处理后，调节含水率在55%~65%。7日后罐体实际出料量1.37t，含水率50%。后进行陈化20d，结束后成品含水率约为35%。

二、配套设施装备

（一）密封式好氧发酵机设备

用途：把高含水率的有机废弃物通过有氧发酵变成腐熟的有机肥料，实现物料的灭菌、减量、减容、腐熟、干燥。密闭式好氧立式发酵机系统是一种从顶部进料，底部卸出腐熟物料的堆肥系统。这种堆肥方式典型的堆肥周期为6~12d（根据原料的成分和水分，处理时间有些不同）。

设备原理：设备内部有可以输送空气和进行搅拌的叶片。在好氧条件下，通过好氧菌的作用，分解畜禽粪便等有机废弃物，利用有机废弃物的分解热蒸发掉废弃物中的水分，使有机废弃物变为优质有机肥。发酵处理后有机肥的水分为20%~35%。发酵时的温度可达到50~70℃，可以保证杀死各种病原菌和杂草的种子等，可生产出安全优质的有机肥。

设备特点：设备占地面积小，一台110m^{3}设备占地56m^2。土建成本低，1台设备安装只需要1.2~1.5m高的平台，无须单独建设厂房。

设备参数见表9-1。

表9-1　密封式好氧发酵机设备参数

名称	参数
产品型号	11FFG-110
罐体容积	约110m^3
罐体直径	6 000mm
罐体高度	5 500mm
顶棚高度	8 700mm
设备重量	约34t
装机功率	32.9kW
处理量	含水率60%鸡粪10~15m^3/d
用电量	400~500kW·h/d

（二）粪肥制作装备

主要包括：自动上料仓、上料皮带机、滚筒筛分机、粉料包装机。

产品用途：用铲车将粉状有机肥倒入上料仓，料仓下有传送带，将物料均匀快速地传送到上料皮带机进入筛分机。进入筛分机的物料通过筛分机的筛网，将小于5mm的粉料通过成品皮带机传送到粉料包装机。大于5mm的杂物通过筛网外通道取出。进入粉料包装的物料，通过计量，按设定好重量完成装袋，每袋可根据客户要求10~50kg设置重量。装完袋后通过机器上的自动缝包机将包装袋密封。

产品特点：全密封设计，无粉尘等泄漏。设备自动化程度高，整个系统可联动。设备布局灵活，可根据现场情况调整。

设备参数见表9-2。

表9-2 粪肥制作设备参数

设备名称	规格型号	技术参数
自动上料仓	DL2615/1.5kW	料仓尺寸：2.6m×1.5m PD500mm×3m输送带，料仓皮带采用浙江三维品牌带宽500mm。电机采用1.5kW。碳钢焊接，表机处理：防腐底漆+面漆，料仓上带密封罩
上料皮带机	PD500/2.2kW	运行平稳输送量10~20t/h，带宽500mm，带速1m/s。倾角：<25°。输送带带密封罩
滚筒筛分机	LYGS10X20 3kW	生产能力：10~15t/h。 生产方式：连续。 驱动装置：Y-4-3kW电机（防护等级IP54，绝缘等级F）、减速机ZQ250-48.57-Ⅰ圆柱齿轮减速机。哈轴或洛轴的双列向心球面滚子轴承，内置于SNK214的轴承座中，筛网使用不锈钢丝6mm×6mm网眼大小。表机处理：防腐底漆+面漆，带密封罩
成品皮带机	PD500/2.2kW	运行平稳输送量10~20t/h，带宽500mm，带速1m/s。倾角：<25°。输送带采用浙江三维，带密封罩
粉料包装机	LYBZ50 3kW	10~50kg/包，350~450包/h，工作过程：人工套袋—自动夹袋—立袋输送—自动缝包，系统控制均由独立的PLC+触摸屏组成。触摸屏人机界面画面形象，友好，直观，易于操作，具备料袋位置检测，具有保护性停止和急停功能。交流接触器，检测开关选用欧姆龙、施耐德。料斗上方带密封罩

三、典型案例

肉鸡粪污好氧发酵集成技术，以山东省鼎立农牧科技有限公司为主体，采用有机肥发酵设备、密闭式好氧发酵机对鸡粪和死鸡、饲料下脚料等进行发酵处理。将混合物调节含水率至45%~65%，置入反应器内进行高温堆肥，反应器堆肥发酵温度达到55℃以上的时间不少于5d，1天内可使接种物料升温至50℃，发酵时的温度可达到70~80℃，可以保证杀死各种病原微生物和杂草的种子等，3~4d即可使粪便脱臭、腐熟。7~8d便可生产出优质有机肥。该技术模式自动化水平较高，便于控制臭气污染，粪污处理效率较高。处理后的有机肥还是一种富含有机质和植物生长所需养分的优质有机肥，可直接施用于农田（图9-1、图9-2）。

图 9-1　密封式好氧发酵机（闫峰　供图）

图 9-2　粪肥处理装备（闫峰　供图）

四、取得成效

（一）经济效益

2022 年项目实现有机肥生产 5 824t，平均单价 920 元/t，销售收入 535. 8 万元，利润 96. 4 万元。

（二）生态效益

本技术的实施，使养殖、能源、种植和生态环境保护有机结合起来，实现养殖场废弃物无害化、资源化、减量化目标。通过沼气提纯净化，可缓解我国化石能源资源紧张的局面，通过沼渣、沼液的施用，生产绿色有机农产品，降低化肥施用量，使养殖业走上能源、生态和环境保护的良性循环轨道，促进农村循环经济可持续发展。

（三）社会效益

全面提高规模化种鸡场粪污处理及资源化利用能力，促进大规模工业化转化。新增就业岗位 50 个，新增带动就业 110 人，生产的有机肥及沼液等有机肥料广泛应用于区域内的果树、茶树、有机蔬菜等，使近 3 000多亩土地土壤酸碱度得到有效调节，改善了长期施用化肥造成的土壤板结等现象。年平均组织有机肥讲座 100 多场次，使区域内近 5 000户农民受益。

推荐单位
山东省畜牧总站
烟台市农业技术推广中心
海阳市动物疫病预防与控制中心

申报单位
山东省鼎立农牧科技有限公司

肉鸭粪污生物发酵床和黑膜氧化塘集成技术

一、集成技术

（一）技术模式

肉鸭粪污主要采用阳光房异位生物发酵床和黑膜氧化塘相结合的处理模式。处理后的生物发酵床床体作为有机肥底肥出售；黑膜氧化塘厌氧处理后的沼液还田利用。该技术在鸭粪水处理中较为有效，粪和水一步式全量处理。而黑膜氧化塘技术使用的黑色 HDPE 防渗膜材料成本低、运行费用低，利用黑膜吸收阳光增温保温效果好，粪污停留时间长，发酵充分。

（二）工艺流程（图 10-1）

养殖过程中产生的肉鸭粪污，通过地下管网排污系统，将粪污输送至场内密封式的贮粪池中。一部分贮粪池中的粪污通过管道抽提系统，均匀注入阳光房内的异位生物发酵床上，通过翻抛机翻抛混匀、供氧，加入高效生物菌剂，进行除臭和高温腐熟，生产有机肥料。另一部分贮粪池中的粪污通过卧式鸭粪分离机分离，产生的固体物料通过皮带输送系统运至阳光房内进行

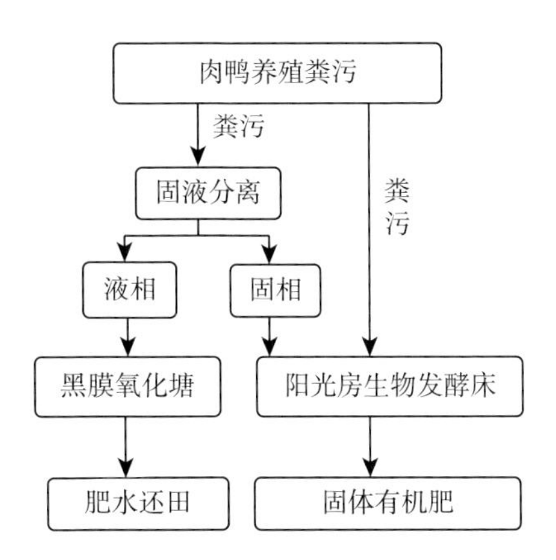

图 10-1　肉鸭粪污生物发酵床和黑膜氧化塘集成技术工艺流程

好氧堆肥处理，生产有机肥料；分离产生的液体物料通过管道密封转运系统输送至黑膜氧化塘内，发酵处理后还田利用。

二、配套设施装备

基础设施为阳光房生物发酵床、黑膜氧化塘以及卧式鸭粪分离机、翻抛机等设备。

（一）阳光房生物发酵床（图 10-2）

发酵床的核心是槽体、垫料、翻抛设备和菌种。槽体高度要适中，过低会导致垫料撒出，过高则导致翻抛机翻抛不匀。发酵床垫料以稻壳和锯末按 3∶7 比例混合为主，稻壳由于壳表面含有一层硅酸质物质，耐腐蚀性强，但吸水性差；而锯末含有丰富的木质纤维，抗碳化能力强，吸水性好。稻壳颗粒度大，锯末颗粒度小，稻壳的加入填补了锯末吸水后沉积、密度大、透气性差、发酵效果差的特点，使整个发酵床体更加松散、透气，有利于菌体生长和保水吸附，提高发酵床的运行效率。在阳光房生物发酵床建设过程中翻抛设备选型要合理，包括设备功率、翻抛深度、行进速度等要匹配。同时合理的通风窗或排风系统有利于床体水分的快速蒸发。

（二）黑膜氧化塘（图 10-3）

主要采用高密度聚乙烯膜（HDPE 防渗膜）将整个厌氧塘进行全封闭。池体基础采用素土夯实，底部采用厚度 1.0mm 的高密度聚乙烯膜进行防渗处理，顶部采用厚度 1.5mm 的高密度聚乙烯膜做浮动覆盖进行密封。通过厌氧微生物的分解代谢作用，产生沼液，通过水肥一体化管网进行还田利用。

（三）卧式鸭粪分离机（图 10-4）

全称是卧式螺旋卸料沉降离心机，主机有柱-锥转鼓、螺旋卸料器（带 BD 板结构）、差速系统、轴承座、机座、罩壳、主副电机及电器系统构成。该机的优点是无滤网、不堵塞，可使物料每天 24h 连续分离，并且对鸭粪水分离彻底无粪渣，优良的密封性能使环境保持清洁干净。

（四）翻抛机（图 10-5）

对发酵床进行翻抛供氧，确保鸭粪与发酵床中的垫料、菌种和氧气充分接触。翻抛速度快，根据实际情况可以自动和手动自由切换。布料方式有罐式布料、管道式布料和边槽式布料等。该公司目前使用的是边槽式布料翻抛机，它可实现精准布料，布料速度快、效率高，同时又可以保证随时布料，不存在堵塞现象。

三、典型案例

该基地位于山东省菏泽市鄄城县大埝镇许黄店村村西 1 000m，以菏泽众客金润食品有限公司鄄城分公司益客未来农场 2 场为示范案例，占地面积 267 亩。建设 6 栋标准化密闭笼养棚舍及 22 栋网上平面网养棚舍，单批存栏樱桃谷肉鸭 45 万只，年可出栏肉鸭 315 万只，年可产生 2. 15 万 t 鸭粪。建设密封贮粪池 1 050m^3，黑膜氧化塘 26 000m^3，阳光房生物发酵床 4 200m^3。配套肥水消纳耕地面积 2 600亩，铺设田间管网 3 000m。标准化程度高，可实现自动通风、自动加料、自动饮水、自动光照、自动清洁等全自动智能控制，大大提高了养殖效率和经济效益。该基地被评为 2019 年国家级标准化示范场、2020 年山东智慧畜牧应用基地。

四、取得成效

（一）经济效益

处理后的粪污还田利用后，可减少化肥 40%使用量。每亩土地可节约化肥 120 元。每年可以节约 30 余万元的化肥费用。施加粪水后小麦产量显著增加，平均每亩土地可增产 63. 55kg。

（二）生态效益

该模式的推广运行可以有效减轻畜禽粪污对周围环境的污染，对周边水域水质、空气质量的提高具有明显的促进作用，有利于生态环境的治理和保护。通过将粪污转化为有机肥料，实现了粪污资源的合理利用，可用作土壤改良剂或减少化肥的施用，有效改良土壤，提升土壤肥力，增加有机质含量，降低病虫害的发生，减少农药的使用量，提升作物产量和改善品质，有利于无公害、绿色作物生产。

（三）社会效益

对畜禽粪污集中收集、集中处理，全量收集场内产生的粪污进行无害化处理，还田利用，实现了粪污的无害化、减量化、资源化利用。有利于转变农业发展方式，有力推动粪水还田和有机肥替代化肥比例，为畜牧产业的绿色发展提供强大助力。

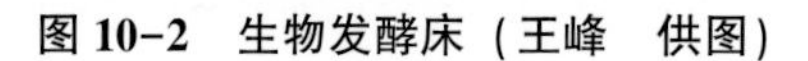

图 10-2　生物发酵床（王峰　供图）

图 10-3　黑膜氧化塘（王峰　供图）

图 10-4　卧式鸭粪分离机（王峰　供图）

图 10-5　粪污翻抛机（王峰　供图）

推荐单位
山东省畜牧总站
菏泽市畜牧工作站
鄄城县畜牧服务中心

申报单位
菏泽众客金润食品有限公司鄄城分公司

肉鸭粪污高温好氧发酵集成技术

一、集成技术

（一）技术模式

肉鸭粪污高温好氧发酵集成技术集输送、混料、发酵、供氧、匀翻、除臭、废弃物再利用等功能于一体，粪污运送到混合区，粪污菌种辅料混合搅拌，通过上料机依次分批进入空气能粪污发酵烘干一体机，每日进出料各 1 次，空气能热泵压缩机使箱体内温度始终保持 55～60℃，箱内发酵 7d，期间通过鼓风机为堆体供氧、烘干，发酵床传送带自动进行翻抛，产生的废气通过微生物降解，生产过程中采用密闭发酵方式，7d 后发酵好的半成品物料转入陈化车间，陈化 14d，成品含水率不超过 30%。

（二）工艺流程（图 11-1）

进料：肉鸭粪便、有机辅料、菌种进入空气能粪污发酵烘干一体机的进出料区。

备料搅拌：首先将粪便与辅料混合，根据粪便的水分含量添加辅料，确保混合后，物料的水分含量低于 80%，之后按照每吨物料添加 500g 菌种的量添加菌种。

上料：将物料通过传送带输入空气能粪污发酵烘干一体机，关闭仓门，一键启动第一批物料开始升温发酵，每间隔 24h 投入一批物料，每天投入一批。

高温好氧发酵：物料进入发酵异位床内进行连续发酵。24h 发酵进入高温期。通过一体机智能化温度控制系统控制发酵堆体在 55～60℃的高温阶段维持 7d，充分杀灭病原菌和有害物质，实现物料的无害化、稳定化和减量化。整个发酵过程中，通过异位床传送带自动进行翻抛，使不同位置的物料均匀混合，充分吸氧，提高发酵产品质量。

出料：7d 后每天从下端将发酵好土壤基质半成品物料放出。

废弃物处理：设备采用全密闭的结构，发酵过程中产生的臭气经微生物反复降解进行净化，无臭气排出，保证厂区周边的环境质量。蒸汽冷凝成冷凝水后经一体机的污水处理系统进行处理后达到农业灌溉水标准。

二次陈化：将放出的发酵物料放入陈化车间，在自然状态下对物料进行二次发酵，从而生产出高品质的土壤修复基质。

颗粒/粉剂：将二次陈化后的土壤修复基质半成品制成颗粒或粉剂进行分装。

检测合格后，入库。

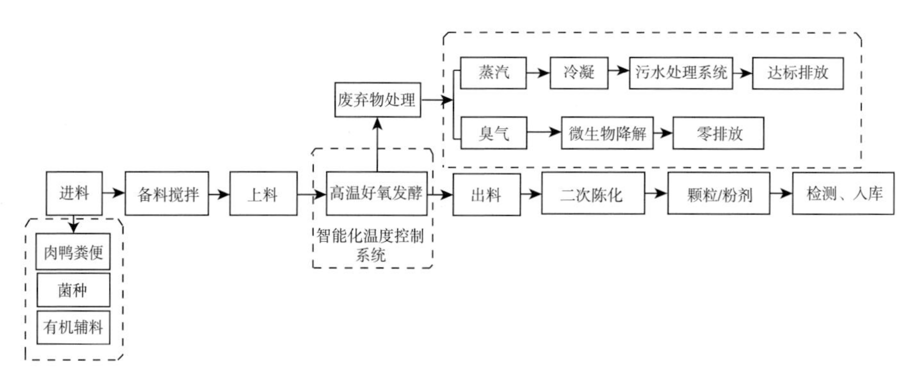

图 11-1　肉鸭粪污高温好氧发酵集成技术工艺流程

二、配套设施装备

名称：空气能粪污发酵烘干一体机

用途：用于粪污无害化、资源化处理，可将粪污加工制成有机肥，且无污染零排放，真正做到变废为宝。

核心设备：卧式箱体、鼓风机、空气能热泵、异位发酵床、减速机、传送带、冷凝器、在线监控系统。采用一体化智能控制系统，智能化调控发酵温度，保证发酵温度保持在 55～60℃。功能高度集成，集输送、混料、发酵、供氧、匀翻、除臭、废弃物再利用等功能于一体，无须人工进行中间倒运。运行成本低，整个加热及冷凝工程无须辅助电加热，仅压缩机工作，耗电量是其他电加热方式的 30%。设备占地面积小，1～2 人既可操作。

技术参数：粪污设备面积 100m^3，粪污设备重量 16t，主机外形尺寸长 18m×宽 3.5m×高 5.2m，搅拌装置尺寸长 4m×宽 0.75m×高 0.9m，搅拌装置功率 7.5kW，传动装置功率 7.5kW，设备恒温功率 17.6kW，设备容积 100m^3，日处理量 15m^3，含水率 50%～55%，总功率 42kW，不锈钢材质。

三、典型案例

邹平凤旺畜牧有限公司位于邹平市长山镇陈度村，现建有 3 栋肉鸭舍，总占地面积 40 000m^2，其中 3 栋鸭舍共 11 440m^2，栋舍内采用输送带式清粪。肉鸭采用笼养养殖方式，每栋鸭舍可饲养 5 万只肉鸭，每年约出栏 90 万只肉鸭，每年需处理约 4 600t鲜鸭粪，日产鸭粪约 13t。现配建粪污暂存场 1 400m^3，安装空气能粪污发酵烘干一体机一台，处理能力为每天 15t，能够全部处理掉现有粪污，年产有机肥 1 700余 t，达到全利用。鲜鸭粪经空气能粪污发酵床一体机处理后生产为生物有机肥，近销周边乡镇种植户，如苹果园、葡萄园、梨园和优良蔬菜种植大户等，为其增产增收打下坚实的基础，最终实现粪污的资源化利用，变废为宝（图 11-2 至图 11-5）。

四、取得成效

（一）经济效益

按照 10 年折旧费计算，每处理 1t 鲜粪约需设备成本费为 24 元，辅料、人工、菌种等成本费约为 126 元，成本合计为 150 元，近几年发酵肥销售价格平均为 210 元/t。通过销售有机肥，每吨鲜粪可增加收益 60 元，年收益约为 30 万元。

（二）生态效益

改善养殖环境，有效减少粪污氨氮、总磷和有害菌污染物排放，改善养殖场及周边区域生态环境状况。改善人居环境，减少污物排放量，降低动物疫病传播和人畜共患传染病发生概率，提高农村环境公共卫生水平。降低农业面源污染。

（三）社会效益

粪污处理技术的提高，为畜禽生长和生产提供了足够的空间和适宜的环境，大大提升了全区域畜禽生产水平与经济效益。推广施用生物有机肥，可有效改良土壤、提升地力、提高农产品的质量和安全性。

图 11-2　鸭舍（赵守山　供图）

图 11-3　转运粪车（王翠萍　供图）

图 11-4　空气能粪污发酵烘干一体机
（李雪艳　供图）

图 11-5　半成品陈化车间
（刘晓萌　供图）

推荐单位
山东省畜牧总站
滨州市畜牧兽医管理服务中心

申报单位
邹平市长山镇畜牧兽医站

畜禽粪污控污减排种养结合集成技术

一、集成技术

（一）技术模式

1. 大型规模养殖场控污减排技术

大型规模养殖场应用智能养殖系统，控制养殖用水量和饲料用量，实现精准饲喂，减少养殖过程中污水和粪便的产生。养殖产生的粪污首先经固液分离，分离出的固体粪污经过处理用于制作有机肥；分离出的液体粪污，一部分回收利用，另一部分进入黑膜沼气池经厌氧发酵处理后通过管网输送到种养循环水肥一体系统，进一步还田利用。工艺流程如图 12-1 所示。

2. 中小型规模养殖场适度养殖种养结合技术

中小型规模养殖场根据畜禽饲养量和畜禽粪污土地承载力测算，流转或匹配相应的土地，用于消纳处理后的畜禽粪污。养殖产生的粪污全量收集，进入粪污收集池，经发酵池、储存池厌氧发酵腐熟后还田利用，实现适度养殖、种养结合，减少畜禽粪污对环境污染，同时促进粪肥资源化利用，提高土壤肥力。工艺流程如图 12-2 所示。

3. 规模以下养殖户分散收集集中处理技术

规模以下养殖户采用分散收集集中处理的方式，利用玻璃钢发酵罐对养殖产生的粪污进行全量收集、储存，再由吸污车定期转运至粪污收储中心进行厌氧发酵，在作物需肥季节进行还田利用。

（1）全量收集发酵。利用三级厌氧式玻璃钢发酵罐对畜禽粪污进行收集和厌氧发酵处理。玻璃钢发酵罐容积按每个猪当量 $2m^3$ 配套建设。玻璃钢发酵罐内部设两道环流泛水装置，混合挂膜隔仓板将池体分为三格，三格比例为 2∶1∶3，第一格为一级腐化池，进行厌氧发酵，通过挂膜隔仓板进入二级腐化池，再通过挂膜隔仓板进入第三格处理池，池体内挂膜隔仓板有利于有益菌体的附着，增加了挂膜面积。在玻璃钢罐三格池顶端配备一个直径为 400mm 的开口作为检查口，便于维修和清淤。蛋鸡鸡粪进入罐体前必须经粪污收集池和粪污沉淀池，通过二级沉淀处理后方可进入罐体发酵。玻璃钢发酵罐三级沉淀示意图如图 12-3 所示。

（2）生物菌腐熟除臭。在粪污厌氧发酵过程中，添加生物菌剂，加速大颗粒物的分解，加快沼液熟化，减少臭气挥发。通过添加菌剂和生物营养活化剂，加速对废弃物的分解，减少硫化氢、甲烷、氨气等气体排放。

（3）粪肥支农管网灌溉。收储中心采用串联方式连接玻璃钢罐，中间隔板底部留 20cm 减压孔；液体从罐体上部注入，靠压力产生脉冲效果，带动底部污泥向后流动，均匀散布在罐体内部；在施肥的季节，利用虹吸原理由末端罐体底部的出水口将底部污泥抽出，每年进行两次还田，每次清空罐体，不会形成沉淀。

（4）CMSV 监控定位。利用 CMSV 监控定位软件，建立监管平台，给粪污运输车辆安装北斗定位装置，监控粪污运输车运行轨迹，自动记录粪污运输车出入粪污收储中心次数，建立粪污收运档案。

（二）工艺流程

畜禽粪污控污减排种养结合集成技术工艺流程如下：

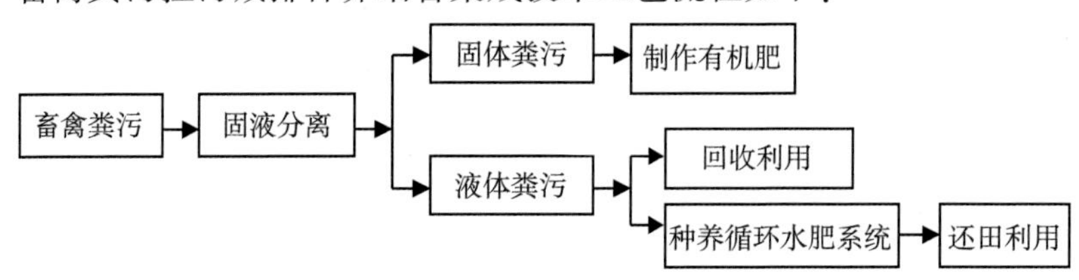

图 12-1　大型规模养殖场控污减排技术工艺流程

图 12-2　中小型规模养殖场适度养殖种养结合技术工艺流程

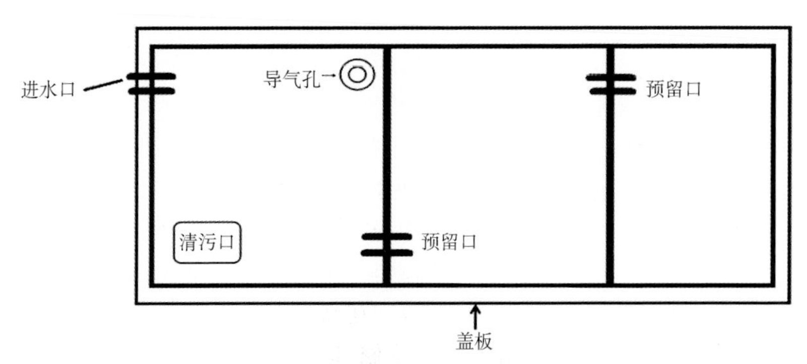

图 12-3　规模以下养殖户分散收集集中处理技术玻璃钢发酵罐三级沉淀示意

二、配套设施装备

（一）固液分离机

用于挤压粪污进行固液分离。设备处理量 30～50m³/h，处理后固体粪污含水率在 70%～75%。

（二）玻璃钢发酵罐

由乙烯基树脂和玻璃纤维缠绕成型的罐状发酵罐，具有价格低廉、运维简便等特点。按每个猪当量 2m³ 配套建设，采用地埋式安装方式，安装于田间或圈舍周围，对畜禽养殖废弃物进行全量收集，密闭发酵处理后还田利用。

（三）七要素气象监测站

用于实时获取气象信息，实现未来 24h 异常气象预警。设备采用太阳能供电方式和 4G 通信设备。

（四）沼液还田设备

两相流泵。将发酵后的沼液通过两相流泵加压还田。设备功率 30kW，额定流量 120m³/h。

智能沼液管理控制柜。实时监测蓄水池水位，自动控制输送管上的阀门、变频柜，智能调控沼液配比浓度。设备使用 PLC 核心主控，采用 4G 通信方式，供电电压 380V，集成度高、功能强大，一台设备即可完成对整套沼液系统的本地控制和远程控制。

物联网多通道水肥机。用于进行高精度的配肥、注肥，可自动控制水泵、田间电动阀门等，实现灌溉和施肥的同步操作。

三、典型案例

（一）内乡县数字化种养循环示范区

依托畜禽粪污控污减排种养结合集成技术，内乡县政府、县畜牧局联合牧原公司建设数字化种养循环示范区。内乡县数字化种养循环示范区规划面积 6.7 万亩，覆盖马山口、王店和灌涨 3 个乡镇，牧原 14 个大型养殖场、30 个规模养殖场和 291 家养殖户，建有大型灌溉设施 20 座、科创中心 1 座、农业试验基地 3 个、大数据服务中心 3 个，配置水网 56km、管路 1 080km、各种物联设备 2 400台、各类农机器具 160 套，基本形成 0.6 万亩现代高效设施农业、6.1 万亩高产稳产粮食作物，配套区域内 78 万头生猪养殖，应用粪污控污减排种养结合集成技术，解决生猪养殖粪污处理和粪肥还田问题，建设具有高产高效、节水节肥、种养循环和数字一体的种养循环示范区（图 12-4）。

（二）规模以下养殖场户分散收集、集中储存利用模式

内乡县马山口镇现有养殖户 168 家，其中生猪养殖户 55 家、肉牛养殖户 38 家、肉羊养殖户 36 家、家禽养殖户 39 家，配套安装玻璃钢发酵罐 171 个，总容积 2 850m³。该镇建设粪污收储利用中心 1 个，粪污收储容积 1 300m³，配套吸污车 3 辆，有果园 923 亩、农田 859 亩。经处理后的粪污还田利用，一年还田两次，可减少化肥使用量约 45t，通过分散收集、集中收储利用的粪污处理技术模式，实现“小户收集、中心转运、集中收储、资源利用”绿色循环（图 12-5）。

四、取得成效

（一）经济效益

通过畜禽粪污控污减排种养结合集成技术的应用，内乡县建设数字化种养循环示范区，示范区采用自动化种养循环水肥一体系统，实现化肥减量 70%，实现粮食作物产量增加 10%、亩均增收 500 元左右。全县 15 个乡镇粪污收储利用中心覆盖农田 6. 23 万亩，小麦单产增加 4%，玉米单产增加 5%，年均亩产增收约 70 元，示范区年增收 43. 6 万元。

（二）生态效益

内乡县畜禽粪污控污减排种养结合集成技术的应用不仅使农村人居环境焕然一新，同时解决畜禽粪污收集、处理、利用难的问题，实现畜禽粪污资源化利用。内乡县畜禽养殖粪污直排、水质断面超标等环境问题得到彻底改善，县域 5 条主要河流断面水质监测常年保持在Ⅲ类水质以上。

图 12-4　内乡县数字化种养循环示范区（张定安　供图）

图 12-5　玻璃钢发酵罐施工现场（张伟　供图）

（三）社会效益

内乡县全县基本形成畜禽粪污收集、存储、运输、处理和综合利用的全产业链条，畜禽粪污集中收储利用中心运转良好，农业生产中有机肥料使用量提高 15%以上，化肥使用量降低约 10%，耕地生产能力得到提升。

推荐单位
河南省畜牧技术推广总站
内乡县畜牧局

申报单位
内乡县联贺种养循环农民专业合作社

生猪养殖降氨除尘除臭集成技术

一、集成技术

（一）技术模式

生猪养殖排出气体中含有大量的粉尘颗粒物、氨气及其他臭气分子，排出气体经集气收集进入降氨除尘除臭系统。降氨除尘除臭系统主要由多孔填料的除臭墙体和布水系统等构成，气体中所含的粉尘颗粒物等被多孔填料吸附、拦截，气体中的氨气及其他臭气分子经布水系统被溶解吸收并与其中的除臭剂进行反应，达到降氨除尘除臭的目的。

生猪养殖降氨除尘除臭集成技术主要用于养殖场臭气治理，目前该集成技术主要分为三种技术模式：一是密闭圈舍臭气处理，主要通过降氨除尘棚进行臭气净化处理；二是液体粪污储存处理区臭气处理，粪水密闭输送、厌氧发酵密闭储存处理，减少气体排放；三是固体粪污储存处理区臭气处理，采取抑尘、除尘、控臭措施，设置气体、粉尘收集装置对产生的臭气、粉尘进行收集，并输送到除尘除臭装置进行处理。

（二）工艺流程（图 13-1）

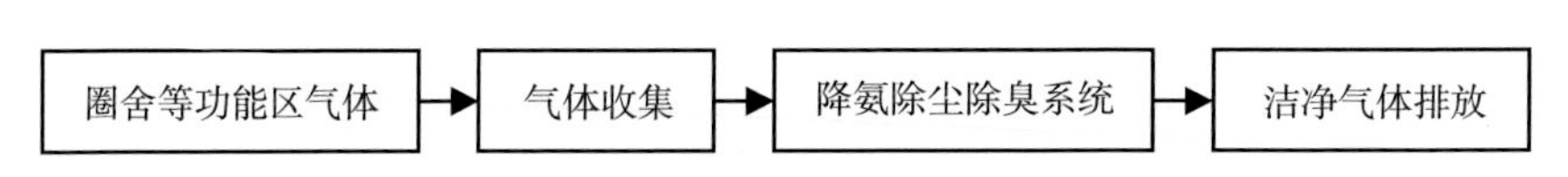

图 13-1　生猪养殖降氨除尘除臭集成技术工艺流程

该技术应用，首先需要确定臭气来源，根据臭气特点、臭源区域，按不同区域处理模式有针对性地进行臭气集中收集和处理。臭气源头确定后，需对臭气主要成分进行分析，对针对所含气体的物理性质和化学性质选用合适的除臭剂。臭气气体收集后密闭输送至处理系统进行集中处理，经过一系列的拦截和吸收反应后，最终清洁气体从排气通道排出。

二、配套设施装备

（一）降氨除尘棚

降氨除尘棚主要用于密闭式猪舍臭气处理，由除臭墙、布水模块、水槽、水泵模块、电控系统组成。

（1）除臭墙。除臭墙是降氨除尘棚系统中水和药剂的承载载体，是除臭处理的主要反应位置，也是洁净空气排出通道。除臭墙具有防腐、防老化、透气、可挂水形成水膜等特点。要求除臭墙孔隙率达到60%。

（2）布水模块。布水模块主要由布水管构成，用于均匀分布液体，使墙体布水成膜均匀；要求布水均匀、无堵塞；布水孔间距70cm。

（3）水槽。用于收集回落水和反应后药剂，保证液体可集中收集、循环流动。水槽防腐、防老化、不漏水，材质为PVC/PE，要求一体式焊接无漏点。

（4）浮球阀。用于控制水槽内液位高度，保证水泵正常供水不空转。可根据液位高低调整供水，液位降低至设置下限开始补水，液位到达高位时停止补水。浮球阀要求防腐。

（5）水泵模块。泵压使循环水可正常在墙体及水槽间循环流动。水泵应进出流量正常，无堵塞、空转、反转等现象，水泵的防腐、防水等级要求≥IP65。

（6）泵笼。用于拦截颗粒较大的杂质，防止水泵和布水管道堵塞。泵笼应清洗干净，无堵塞、无杂质，日常运行中应定期检查，发现泵笼堵塞及时清理。

（7）加药泵。用于加药、补充药剂，保证处理系统可以持续有效处理臭气。加药泵应进出流量正常，防腐蚀、防漏液等。加药泵防腐、防水等级要求≥IP65。

（二）厌氧发酵设施

厌氧发酵设施指用于储存、处理液体粪污的设施设备，主要包括预处理设施、厌氧发酵池等。

（1）预处理设施。包括格栅、收集池、固液分离设备等，格栅和筛网的设计选用按照GB 50014—2021等相关要求，固液分离设备的选用按照GB 50014—2021、JB/T 11379—2013等相关要求。

（2）厌氧发酵池。厌氧发酵池指由锚固沟将高密度聚乙烯土工膜构成的底膜和顶膜为一体，具有厌氧发酵、气体储存功能的废水处理设施。厌氧发酵池建设要求按照 DB41/T 2011—2020 有关要求。

三、典型案例

该案例位于南阳市内乡县，为年出栏 10 万头生猪养殖场。该养殖场养殖圈舍排出气体经降氨除尘除臭系统处理后统一排放（图 13-2）。该场降氨除尘除臭系统除臭墙体所装填料为填料球，臭气携带粉尘与填料球充分接触，增大拦截面积，除臭墙喷淋系统不间断进行喷淋水洗，水中添加除臭灭菌的强氧化剂，将氨气、硫化氢、吲哚、粪臭素等臭气分子氧化，转化为无臭无害的小分子物质，达到除臭效果；同时，氧化剂还可作用于细胞壁、病毒外壳，改变细菌和病毒体的渗透压，使其细胞丧失活性而死亡，从而杀死病原微生物，起到灭菌效果。经过处理后的喷淋水可回收循环利用，生活区及生产过程中所产生的废水经集中收集、除臭灭菌处理后可用于降氨除尘除臭系统除臭墙体除臭，节约用水（图 13-3）。经过对养殖圈舍除臭墙体内外臭气浓度检测，粉尘去除率可到达 70%～85%、氨气去除率可达到 10%以上，降氨除尘除臭系统对臭气具有一定的处理净化效果。

图 13-2　降氨除尘棚（胡小山　供图）

图 13-3　粪水密闭中转池（胡小山　供图）

四、取得成效

（一）经济效益

生猪养殖降氨除尘除臭集成技术已在牧原食品股份有限公司推广应用，养殖单元降氨降尘除臭系统推广 283 个养殖场、推广规模 8 000万头，工艺应用成熟，运维成本低，人员运维水平高。臭气浓度场界监测满足国家法律法规对养殖废气排放要求，运维成本低于其他养殖场同等效果的除臭措施，有效遏止臭气传播，不影响附近居民正常生活。

（二）生态效益

通过生猪养殖降氨除尘除臭集成技术应用，减少生猪养殖过程中臭气排放，降低养殖臭气对生态环境的影响。目前，应用降氨除尘棚对臭气进行净化处理，粉尘去除率达到70%~85%，氨气去除率达到10%；升级后的智能化降氨除尘棚对粉尘去除率达到70%~85%，氨气去除率达到30%以上，臭气去除率达到70%~90%。

（三）社会效益

由牧原食品股份有限公司研发设计的密闭式养殖圈舍氨气减排设施技术被列入《关于在大型规模养殖场开展氨气治理成套设施建设示范推广的通知》，并由河南省农业农村厅、生态环境厅联合发布，在全省大型规模场中开展示范推广工作。

推荐单位
河南省畜牧技术推广总站
内乡县畜牧局

申报单位
牧原食品股份有限公司

生猪生态养殖粪污资源化利用集成技术

一、集成技术

（一）技术模式

根据清粪工艺、粪污处理利用方式和构筑物特点，生猪生态养殖粪污资源化利用集成技术主要分为水泡粪大棚养殖、发酵床生态养殖、干清粪标准化养殖三种不同的技术模式。

1. 水泡粪大棚养殖模式

圈舍采用塑料大棚式，圆拱形结构，棚顶由 4 层材质构成，由内到外依次是塑膜、白膜、黑膜和塑膜，整体东西向建设。

生猪养殖采用全进全出方式，粪污收集处理采用“水泡粪+氧化塘”工艺。进猪前向粪沟内注入 10cm 左右深度的水，猪群排泄的粪尿经漏缝地板落入粪沟内，根据粪沟内粪尿量不定期排放粪污进入舍外收集池。单栋圈舍配套一个小型粪污收集池，2~3 栋圈舍设置一个大型储粪发酵池。粪污经储粪发酵池发酵腐熟后，通过管网输送还田利用。

2. 发酵床生态养殖模式

圈舍采用钢架钢瓦泡沫板屋顶，玻璃幕墙，地面水泥硬化，靠近过道一侧设置自动投料设备，靠窗一侧设置饮水设备。

生猪养殖采用全进全出方式，粪污收集处理采用发酵床工艺。发酵床垫料由花生壳、稻谷壳、锯末、玉米芯和微生物添加剂按一定比例混拌均匀调整水分后，进行堆积发酵后获得。进猪前在猪舍中铺 85cm 左右厚度的垫料，养殖过程中动态补充垫料。排泄的粪污落入垫料中，经过一段时间被微生物降解。垫料每隔一定时间用小型翻耙机翻堆。每批垫料供两批猪使用，生猪出栏后，垫料经充分腐熟后还田利用。

3. 干清粪标准化养殖模式

圈舍采用标准化猪舍建设方式，以钢结构为梁、彩钢瓦做顶，砖混墙为主体的东西向、双列式猪舍。

生猪养殖采用全进全出方式，粪污收集处理采用机械干清粪+固体堆肥、液体氧化塘工艺，产生的粪污收集后经固液分离机分离，固体粪便堆肥处理、液体粪污经氧化塘处理后还田利用。

（二）工艺流程（图 14-1 至图 14-3）

生猪生态养殖粪污资源化利用集成技术工艺流程如下：

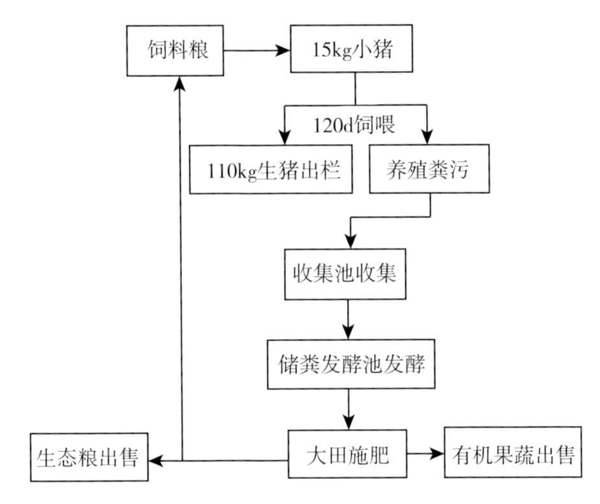

图 14-1　水泡粪大棚养殖模式工艺流程

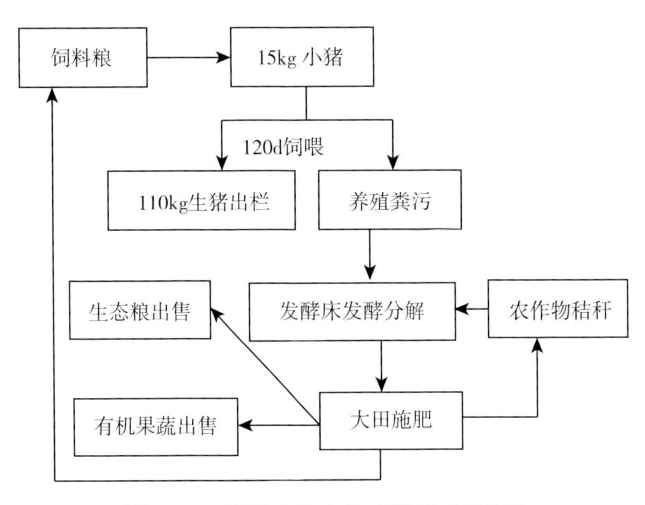

图 14-2　发酵床生态养殖模式工艺流程

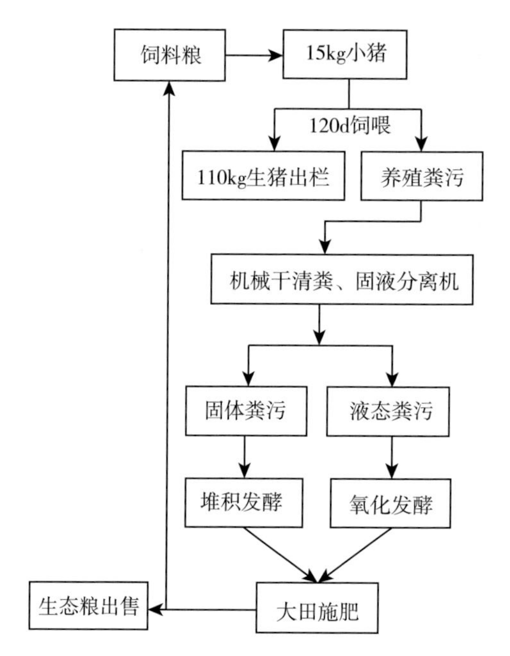

图 14-3　干清粪标准化养殖模式工艺流程

二、配套设施装备

（一）机械干清粪系统

采用机械化清粪方式，清粪效率更高，减轻工人劳动强度，节约用工成本。该系统的设计要点包括圈舍设计和排污系统设计。圈舍要按照一定比例划分为饲喂区、躺卧区和排泄区，并在排泄区配置漏缝地板，根据不同阶段猪群合理选择缝隙规格。

（二）固液分离机

固液分离机一般由主机、无堵塞泵、网筛、减速电机、管道和卸料装置等组成，结构合理、操作简单，易于维护。

（三）小型翻抛机

小型翻抛机具有工作效率高、体积小、使用灵活的特点，可以在狭小的空间内进行操作，适用于各种规模的发酵床养猪场。

（四）氧化塘

氧化塘运维简便，运行不需要大量的动力设备，可以节省能源消耗。氧化塘构造、容积的设计需结合猪场粪污收集处理工艺和储存时间。根据经验，水泡粪工艺，每头生猪配备氧化塘容积不低于 0.3m^3；干清粪工艺，每头生猪配备氧化塘容积不低于 0.2m^3。

三、典型案例

（一）水泡粪大棚养殖模式

康龙实业集团有限公司位于宝丰县商酒务镇焦楼村，采用水泡粪大棚养殖模式，已建设圈舍 120 余栋，圈舍采用半地下式塑料大棚结构，圈舍高 3.9m，其中地上 2.5m、地下 1.4m（内地面到地平高 0.8m），内部为南北双排猪栏（图 14-4）。该模式采用水泡粪工艺，粪污经漏粪地板收集、收集池暂存、氧化塘发酵处理后，通过管网输送到林果地、大田施肥。

图 14-4　康龙公司位于大田中间的养殖圈舍（张花菊　供图）

（二）发酵床生态养殖模式

春晓生态农业公司采用发酵床生态养殖模式，以农作物秸秆加益生菌制成发酵垫料，生猪生活更加舒适健康，猪只翻拱垫料时采食其中的营养物质，改善猪只肠道环境（图 14-5）；同时垫料中菌种能够有效原位降解、消

图 14-5　发酵床养殖圈舍内景（孙斌斌　供图）

纳粪尿，改善畜舍环境。生猪出栏后，垫料经过高温堆肥处理充分腐熟后，可制成有机肥使用。

（三）干清粪标准化养殖模式

现代养殖专业合作总社是一个“民办、民管、民受益”的新型农村经济合作组织，现有社员 100 余家，年最多可出栏生猪 100 万头。合作社采用干清粪标准化养殖模式，建有标准化猪舍（图 14-6），采用机械干清粪工艺，粪道有一定坡度可使粪尿自动分离，粪尿经固液分离后，固体粪便堆肥处理，液体粪便氧化塘氧化后还田。

图 14-6　标准化养殖圈舍（孙红霞　供图）

四、取得成效

（一）经济效益

通过生猪生态养殖粪污资源化利用集成技术的推广应用，有效提高了生猪饲料转化率和用工劳动效率，缩短了育肥周期，提高了养殖粪污的资源利用率，大型规模场出栏猪新增纯收益近 100 元/（头·年），中小型规模场出栏猪新增纯收益约 20 元/（头·年），平顶山市近五年来推广生猪规模约 500 万头，新增纯收益 3. 5 亿元以上。

（二）生态效益

生猪生态养殖粪污资源化利用集成技术的推广应用促进畜禽粪污资源循环综合利用，杜绝养殖场户粪污乱堆乱放、臭气扰民现象发生。从源头减少粪污产生，减轻粪污处理压力；粪污经过发酵腐熟后还田利用，实现农牧结合、绿色发展。

（三）社会效益

生猪生态养殖粪污资源化利用集成技术的推广应用，一方面推动生猪产业转型升级，通过推广节水节粮节能等清洁高效养殖工艺、粪污综合处理利用、益生菌利用等技术，实现养殖标准化高质量可持续发展；另一方面促进生猪产能稳定，提高生猪养殖企业经济效益、增强抗风险能力。

推荐单位	申报单位
河南省畜牧技术推广总站	河南康龙实业集团股份有限公司
平顶山市畜牧技术推广站	

生猪益生菌健康养殖集成技术

一、集成技术

（一）技术模式

该集成技术主要应用“碳钢网床+液态发酵饲料”，采用节水、节能、益生菌等清洁养猪新技术新工艺新设备，提高养猪生产能力和经济效益。通过该集成技术应用，不仅改善养殖环境，粪污全量收集还田利用，而且提高生猪生产性能，打通无抗养殖的技术路径，提升畜产品的市场竞争力。

1. 液态发酵饲料饲喂技术

制定《液态发酵饲料技术养猪技术规范》（DB4106/T35—2021），规范饲料发酵的工艺流程和相关标准，生产出标准的发酵饲料和饲喂标准。让生猪每天吃着“酸酸乳”般的发酵饲料，不仅改善了猪舍小环境，而且提高了猪只抗病能力。

2. 生猪生态养殖技术

依托“微生物+”为核心的环境控制技术，制定《肉猪生态养殖技术规范》（DB4106/T—2021），仅用微生物制剂对环境和猪舍进行喷洒，不用或少用化学消毒剂，确保有益微生物菌群的优势地位，实现微生物在猪场的动态平衡、和谐相处。

3. 粪污资源化利用技术

以黑膜厌氧发酵工程、沼气工程、粪污集中收贮等为主的畜禽粪污资源化利用技术，实现畜禽粪污就地就近资源化利用，实现种养结合。

4. 动物疫病防控技术

以中医药为核心的动物疫病防控技术，增强猪只抵抗力，饲养过程基本不用抗生素，实现无抗养殖。生猪产品已达到无抗标准，将为社会提供更多生态、无抗的高端产品。

（二）工艺流程（图 15-1）

生猪益生菌健康养殖集成技术工艺流程如下：

对猪只圈舍进行改造，圈舍铺设标准的碳钢网床，生产供应液态发酵饲

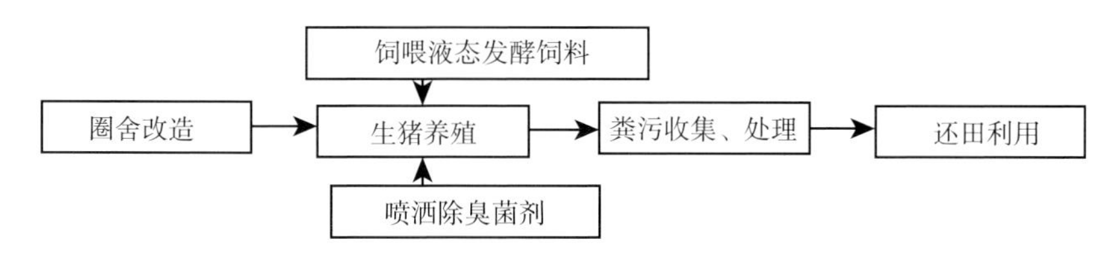

图 15-1 生猪益生菌健康养殖集成技术工艺流程

料，并定时饲喂液态发酵饲料、定时对猪舍内外喷洒微生物菌剂，保持有益微生物的主导地位；用数字化畜牧环境自动控制系统控制设施设备和圈舍环境；自动刮粪机定期对生猪圈舍粪尿进行清理，刮出的猪粪进行发酵，用于生产有机肥并还田循环利用。

二、配套设施装备

（一）碳钢网床设备

用于猪只活动、躺卧的网床式设备。猪只饲养在网床上，粪尿通过网床漏缝掉落下层，保持网床干净卫生。该设备耐酸碱、耐腐蚀、强度高，便于采用火焰式消毒方式消毒彻底。碳钢网床推荐采用纽纹碳钢，材料公称直径10.7mm，公称面积90m^2，钢种型号30MnSi，碳钢网床规格有2 400mm×900mm、3 000mm×900mm、1 500mm×900mm，可根据需要选用。

（二）液态发酵饲料自动（手动）供料系统

该系统用于管控饲料供料、投喂，包括自动化液态发酵系统、自动化控制平台和自动化液态精准饲喂系统。液态发酵饲料主要适应于母猪和育肥猪饲喂。与系统配套的饲喂罐、回水罐、清水罐容量按需设计，饲喂水泵流量30m^3/h、扬程30m，地坑转运水泵流量25m^3/h、扬程32m，主管路管径50mm、下料管路管径40mm，阀门采用膜阀与球阀。采用电脑智能控制系统，下料精准度达到±5%。

（三）数字畜牧和环境自动控制系统

用于系统智能化管控，包括畜牧养殖数字化管理平台、猪场生产管理信息系统、自动化精准环境控制系统、粪污处理监测系统等。每栋猪舍配置一套自动化精准环境控制系统，实时监控温度、湿度、耗水量。可根据用户需要，提供保育、育肥、产房、种猪猪舍的可移动视频监控系统。

（四）畜禽粪污配套设施设备

围绕实现就地就近资源化利用，沼气工程主要设施设备包括厌氧工艺罐、反应器、干式贮气柜、脱硫器、脱水器、沼气发电机组、沼液收集池、预处理池以及田间沼液供给设施等；黑膜厌氧发酵工程主要设备包括黑膜厌氧处理池、黑膜收集池等；粪污集中收贮设施设备包括铲车、粪污收集车等（图 15-2）。

图 15-2　集成技术及配套设施装备（朱万江　供图）

三、典型案例

该案例位于浚县善堂镇杨村，是一家生猪养殖企业，占地 20 余亩，建有独立连体猪舍 10 栋，存栏育肥猪 5 000头，年出栏生猪 10 000余头。采用碳钢网高床饲养，配套全自动步进式刮粪机、空气能地暖、扣板吊顶、水帘风机、远程数控平台和全自动液态饲喂料线。养殖全程采用液态发酵饲料饲喂，不用或少用抗生素和疫苗，每头猪可节约用药成本 50 元；饲料中蛋白质成分经发酵转化，被充分吸收利用，猪肉品质明显改善，且粪尿无恶臭气味，减少环境污染。配套建有 1 000m^3大型沼气站一座，产生的沼气可供猪场取暖和周边村民使用；沼液、沼渣通过地埋管道无偿供应猪场周边 600 多亩农田施肥使用，实现沼气供户和粪污就地就近资源化利用。公司全场可联网浚县畜牧数字平台，实时查看猪场生产情况、粪污排放及环境监测，实现远程检疫和无害化处理，也可通过手机 App 远程遥控操作，降低生猪销售检疫和病死猪无害化处理人员、车辆带来的疫病传播风险。

四、取得成效

（一）经济效益

一是商品猪收益增加。日增重平均增加100g，商品猪出栏率增加8%，背膘厚下降6.5%，通过测算，每头出栏商品猪增收节支约178元。二是节约粮食投入。使用液态发酵饲料工艺，通过降低料肉比、使用非常规日粮等措施，每头商品猪可节约粮食100kg。三是减少药品开支。使用益生菌饲喂，增加生猪抵抗力，基本不用抗生素类药品，经测算每头商品猪减少药费开支50元。

（二）生态效益

一是实现减排减氮。采用节水工艺，每头商品猪可减少用水1.3t。通过测算，干物质消化吸收率提高4.6%～8.9%，粗蛋白质消化吸收率提高8.5%～11.95%，使粪便总氮排泄下降16%～25%，生态效益显著。二是实现种养结合。采用该集成技术饲养生猪，每头商品猪可增加有机肥收入25元，全县可增加收入约250万元，解决畜禽粪污资源化利用问题。

（三）社会效益

通过生猪益生菌健康养殖集成技术的应用，实现健康养殖，为后非洲猪瘟时代重大动物疫病防控提供了借鉴。采用生态方式饲养生猪，饲养过程中基本不使用抗生素，使得猪肉品质显著提高，其口感鲜、香、嫩、不腻，一经上市供不应求，得到广大消费者的认可。

推荐单位
河南省畜牧技术推广总站
浚县农业农村局
浚县畜牧工作站

申报单位
河南省谊发牧业有限责任公司

生猪粪污水肥一体化综合利用集成技术

一、集成技术

（一）技术模式

生猪粪污水肥一体化综合利用集成技术是采用“预处理+CSTR 厌氧发酵+两级好氧厌氧处理+水肥一体化”为核心的粪污资源化、循环综合利用的处理模式。

养猪场产生的粪污通过负压输送至场内提升井，再通过螺杆泵和聚乙烯塑料管道输送到沼气站的预处理车间，经过预处理车间的机械格栅将杂物滤出后，粪污经物料泵提升至两级固液分离机，固液分离后的液体经初沉池、中间水池处理后进入上流式厌氧发酵罐，物料在上流式厌氧发酵罐进行厌氧消化。厌氧消化过程中产生沼气，沼气经过脱水、脱硫等净化处理后首先供锅炉燃烧，通过热水循环系统再给厌氧发酵罐进行加热，以确保厌氧系统正常运行。经厌氧发酵后产生的沼液输送至三级沼液暂储池，进行还田综合利用。

（二）工艺流程

生猪粪污水肥一体化综合利用集成技术工艺流程如图 16-1 至图 16-3 所示。

二、配套设施装备

（一）过滤设备

用于对猪场粪污中的杂物进行筛选分离，采用机械格栅，机械格栅栅隙 10mm，碳钢材质。

（二）搅拌设备

用于对粪污进行搅拌、混合。采用潜水搅拌机，流量 $20m^3/h$，碳钢材质。

（三）固液分离机

采用“滚筒式+螺旋压榨”两级固液分离，用于猪场粪污固液分离，降

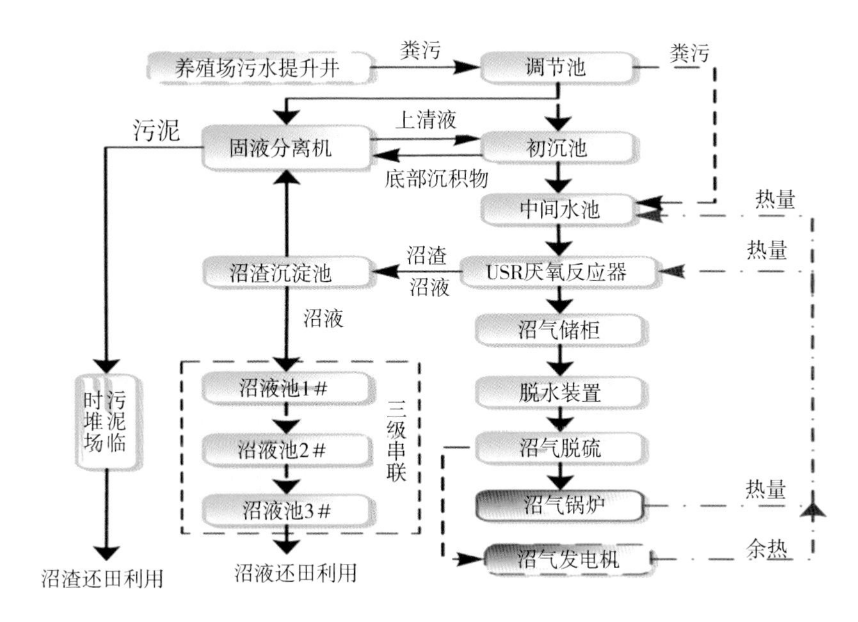

图 16-1　粪污厌氧处理工艺流程

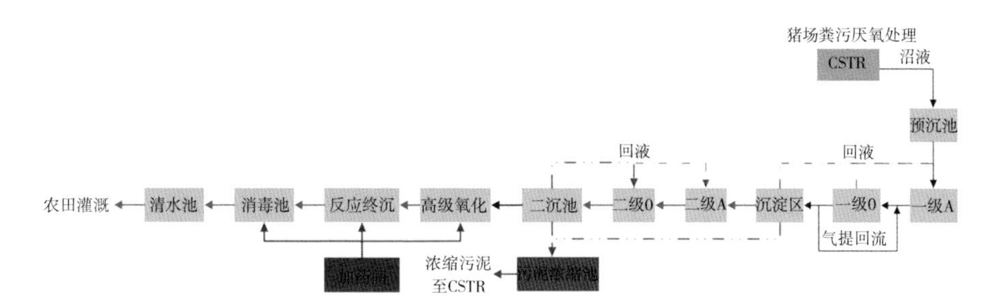

图 16-2　沼液深度减负处理工艺流程

低进入下一环节的粪污固体浓度。处理量 20~30m^3/h。

（四）厌氧发酵设备

（1）CSTR 厌氧发酵罐。用于粪污厌氧发酵处理，罐体尺寸直径 15m×高 17.8m，焊接罐结构，配设升温装置加热盘管 1 套，直径 50mm；采用 100mm 聚氨酯保温。

（2）加热盘管。直径 50mm 无缝钢管。为了保证系统在冬季的运行效果，同时在厌氧发酵罐设置加热管道，在冬季最寒冷的时间，也可以保证消化温度，内外环加热所需的热量全部来自于配置的沼气锅炉产生的热量。

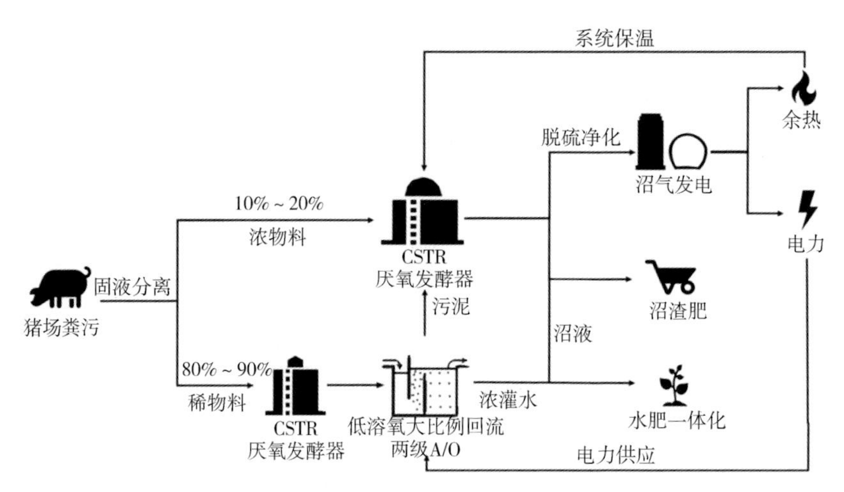

图 16-3　养殖粪污水肥一体化综合利用工艺流程

（3）正负压保护装置。压力范围-300～2 000Pa，不锈钢材质，罐体设有正负压保护器、压力变送器和调压装置，当罐内压力低于设置低压或高于设置高压时，调压装置启动，防止超压，保护罐体，使其在设计的压力范围内使用。

（五）沼气存储利用设备

（1）化学脱硫罐。规格尺寸直径 1.8m×高 3.6m，碳钢材质，壁厚 6mm，填料使用铁系脱硫剂三氧化二铁，化学脱硫法硫化氢去除率可达到 95%以上，脱硫后的沼气主要用于锅炉燃烧。

（2）储气柜。用于存储沼气，数量 1 座，容积 1 500m^3。

（3）沼气锅炉。以沼气为燃料的锅炉，功率 1.4MW，数量 1 台。

（六）沼液暂存池

用于暂存沼液，总容积 22 万 m^3，数量 6 座。

三、典型案例

该案例位于永城市裴桥镇、李寨镇、黄口乡，是由中粮集团在永城市投资建设的现代化农业企业，总占地面积约 3 300亩。现有存栏 4 800头母猪的繁殖场 5 个、商品猪育肥场 6 个，沼气站 1 座，年出栏商品猪 55 万头。

公司养猪场粪污“预处理+CSTR 厌氧发酵+两级好氧厌氧处理+水肥一体化”综合利用技术在裴桥区域年出栏 44 万头生猪养殖项目上进行了建设和实施，CSTR 厌氧处理项目日处理粪污可达 1 800m^3，裴桥区域下属 8 个养殖场的养猪粪污通过管道输送到沼气站预处理车间，经固液分离后进入厌氧发酵罐进行发酵处理，经处理后的沼液一部分进入沼液暂存池进行暂存（图 16-4、图 16-5）。

图 16-4　厌氧处理部分鸟瞰图（刘凯　供图）

图 16-5　沼液两级 AO 深度处理项目鸟瞰图（刘凯　供图）

四、取得成效

（一）经济效益

通过生猪粪污水肥一体化综合利用集成技术的实践应用，可年产沼肥 65 万 m^3 左右，供 12 000余亩的农田进行施肥使用，年可实现增收 380 万元以上，有效带动当地农民增收致富。

（二）生态效益

应用生猪粪污水肥一体化综合利用集成技术将养猪场粪污变废为宝，同时将传统厌氧处理后的沼液又根据当地农作物的不同品种、不同生长阶段进行深度减负处理，精准化适应种植的需求，实现了全新的水肥一体化综合利用模式，为养殖行业粪污综合资源化利用提供了全新的思路。

（三）社会效益

生猪粪污水肥一体化综合利用集成技术实现了粪肥还田，同时减少了化肥的使用量，长期使用沼肥又可改良土壤，增强土地肥力，减少土地板结，为种养结合、发展生态有机农业起到了示范带动作用。

推荐单位
河南省畜牧技术推广总站
商丘市乡村产业发展中心
永城市畜牧发展服务中心

申报单位
中粮家佳康（河南）有限公司

畜禽粪污好氧发酵集成技术

一、集成技术

（一）技术模式

畜禽粪污好氧发酵集成技术在畜禽粪污资源化利用过程中日益成熟，该技术是指将畜禽粪便、农作物秸秆等混合，调节混合物料含水率到60%左右，然后加入发酵菌剂，利用生物发酵升温杀菌，使发酵物料含水率进一步降低，体积减小，物料经过好氧发酵腐熟后达到无害化处理标准要求，实现资源化利用。

（二）工艺流程

畜禽粪污好氧发酵集成技术工艺流程如图17-1所示。

图17-1 畜禽粪污好氧发酵集成技术工艺流程

在一定的水分、碳氮比和通风条件下通过微生物的发酵作用，将废弃有机物、畜禽粪便经好氧发酵后转变为肥料，发酵过程在好氧发酵仓中进行。发酵仓采用高效率的搅拌发酵设施连续作业，物料在发酵仓中经过升温阶段、高温阶段和常温熟化（降温）阶段的好氧发酵，5～7d发酵完成出仓。

一般发酵原料以主料和辅料混合后含水率60%的物料为最佳。畜禽粪便原料与秸秆树枝树叶比例在3：1（重量比），如原料的碳氮比较低，可补加秸秆、树枝树叶来调整碳氮比，如原料的碳氮比较高，可补加含氮量高的畜禽粪便来调整碳氮比。原料粒径需要达到一定的要求，以畜禽粪便为原料不必做粉碎处理，秸秆和树枝树叶需要经过粉碎，粉碎后粒径控制在20mm以下。

二、配套设施装备

（一）好氧发酵仓

发酵仓是本集成技术的核心设备，其他辅助设备有粉碎机、搅拌机、装袋机、造粒机等。

发酵仓在发酵成肥过程中具有加温、曝气、搅拌、混合、协助通风系统控制水分、温度等重要作用，且机械搅拌自动化程度高、脱水快、发酵彻底，废气便于收集，对环境污染低，无需土建，节省建筑投资成本。

产品型号 HSFJ-8000 型，装机功率约为 35kW，运行功率约 15kW，设备容积为 $70m^3$，外形尺寸为 9 000mm× 3 000mm× 3 050mm，占地面积 $15m^2$。该设备由发酵罐体、主轴及搅拌叶、提升架、提斗、液压动力站、人梯、通风系统、辅助加热系统、润滑系统、电控柜系统等组成。其中发酵罐外壁为 6mm 碳钢板、内壁为 1.5mm 304 不锈钢板；主轴为 20#直径 306mm×80mm 无缝钢管；搅拌叶为碳钢板；提升机为液压油缸或滚筒钢丝绳结构摆线针减速机，提斗容积为 $0.5m^3$；液压动力站油箱容积为 100L，流量 36L，最大压力 20MPa。

（二）卧式粉碎机

产品型号 1000 型，电机功率 37kW；配用长 6m、高 2.4m 皮带输送机；粉碎量 10~15t/h。该粉碎机属刀片式粉碎机，用于有机肥生产中块状物的粉碎。

（三）分筛机

产品型号 1500 型，使用材料 100mm×50mm 方管、直径 140mm 碳钢、直径 100mm 碳钢、50mm×50mm 角钢和轴用碳钢等；直径 1.5m、长度 3m、6mm 孔径的筛网；外形尺寸长 4.5m、宽 1.7m、高 3.5m；电机功率 3kW，配用 BWD2-71-3 摆线针减速机，配用长 8m、高 3.2m 的皮带输送机；产量 8~10t/h。

三、典型案例

案例一位于鹤壁市淇滨区上峪乡邪圹村，该案例建设的粪便处理加工厂采用好氧发酵集成技术及成套设备，以畜禽粪便、农作物秸秆和树枝树叶为原料，生产精品生物有机肥。该厂采用好氧发酵仓成套设施装备 1 套，其中好氧发酵仓 2 个、料仓、粉碎机、预混机、搅拌机、造粒机、烘干机、冷却机、分筛机、装袋机等 11 台（图 17-2 至图 17-5）；运行以来，年可处理畜禽粪污 1 800t、农作物秸秆 450t，实现年产生物有机肥 2 000t，有机肥总销售额约 180 万元/年。

图 17-2　好氧发酵仓进料（程玉海　供图）

图 17-3　好氧发酵仓出肥（程玉海　供图）

图 17-4　卧式粉碎机（程玉海　供图）

图 17-5　分筛机（程玉海　供图）

案例二位于鹤壁市山城区石林乡李古道村，该案例建设的鸡粪处理加工厂好氧发酵集成技术及成套设备，以鸡粪、农作物秸秆和树枝树叶为原料，生产精品生物有机肥。该厂采用好氧发酵仓成套设施装备 1 套，其中好氧发酵仓 1 个，粉碎机、搅拌机、装袋机、造粒机等 6 台；运行以来，年可处理鸡粪 1 000t、农作物秸秆 300t，实现年产生物有机肥 1 200t，生物有机肥总销售额约 100 万元/年。

四、取得成效

（一）经济效益

应用该技术可实现单厂年生产生物有机肥 10 万 t、生物菌剂 5 000t，产品质量和技术日趋成熟。

（二）生态效益

畜禽粪污好氧发酵集成技术针对畜禽粪便、农作物秸秆、有机废弃物进行无害化处理与利用，通过微生物发酵技术，使农业废弃物快速腐熟，实现废弃物减量化、资源化、无害化，有利于保护和改善生态环境。

（三）社会效益

畜禽粪污好氧发酵集成技术可应用于面源污染治理、秸秆综合利用、土壤生态修复、畜禽粪污处理等多个领域。通过该技术生产的肥料系列产品获得中国绿色食品协会颁发的“绿色食品生产资料”证书，用该肥料种植出的樱桃番茄、西瓜被认定为“绿色食品”。该技术的应用企业被评为“河南省配方肥推广试点企业”“农业产业化省重点龙头企业”等，被农业农村部农产品质量安全中心纳入全国生态环保优质农业投入品（肥料产品）生产试点和应用试点企业，带动有机肥产业发展。

推荐单位
河南省畜牧技术推广总站
鹤壁市畜牧技术推广站

申报单位
鹤壁市禾盛生物科技有限公司

陕西省

生猪粪污异位发酵床集成技术

一、集成技术

（一）技术模式

异位发酵床是利用微生物对畜禽粪污进行分解处理的技术，其原理是利用发酵床体的微生物将粪污中的有机质分解为二氧化碳、水和有机酸等物质，从而实现粪污的无害化。与传统发酵床技术不同的是在圈舍外修建发酵床，畜禽不接触粪污，可选秸秆等适合的原料制作垫料，添加发酵菌种，垫料与发酵菌种混合后铺在发酵床内。畜禽粪污收集后利用潜泵或喷淋设施均匀喷洒在垫料上，通过翻耙增加氧气量进行生物菌发酵，实现粪污快速发酵腐熟，发酵产生的高温将水分蒸发掉，达到养殖场粪污不向外排放的目的。

（二）工艺流程（图 18-1）

猪舍外修建发酵床，选用当地常见的农作物秸秆、锯末、谷壳、米糠、菌菇棒、木屑等辅料制作垫料，应确保无毒、无刺激、无腐烂霉变，制作好的垫料具透气性和保水性。混合垫料铺设到发酵槽内并加入菌种，宜同时选用好氧菌和厌氧菌两种菌剂，按使用说明进行配制，利用人工或喷淋设施喷洒在垫床，翻抛混匀；也可采用分层接种，即铺设一层垫料撒一层菌种，每层垫料厚度约为 20cm。将畜禽粪便进行固液分离，固体粪污添加到铺设好垫料的异位发酵床，定期开动翻抛机，将粪污、垫料和菌种混匀，增加氧气渗透，使微生物与物料充分混匀，提高发酵效率。液体粪污经沉淀池自然发

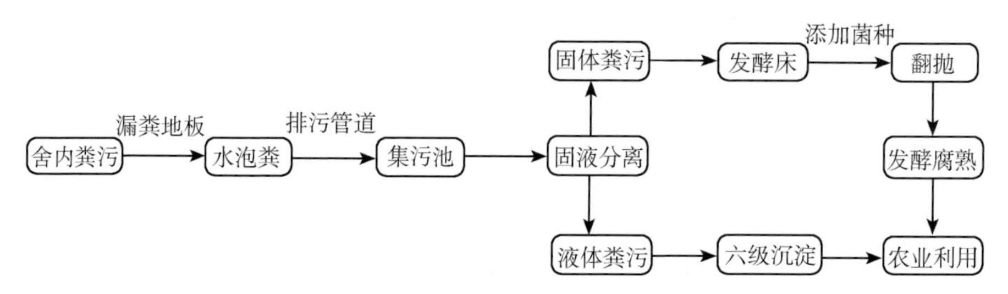

图 18-1　生猪粪污异位发酵床集成技术工艺流程

酵后进行农业还田利用。当发酵床内发酵基质的高度沉降 15~20cm 时，应及时补充垫料，并适时补充菌种。发酵床使用年限为 2~3 年，到达使用年限需全部清出更换垫料。

二、配套设施装备

（一）发酵车间

采用钢架结构，顶高 5~6m，顶棚采用透光玻璃瓦，发酵车间土建面积应与发酵床匹配。

（二）异位发酵床

在猪舍外选择合适的地点建设发酵床，做好引流排水设施，防止外来水源流入，保证雨季无内涝。按照养殖场存栏量来确定异位发酵床的建设容积，发酵床采用槽式结构，槽高 1.5m，槽宽与翻抛机尺寸相匹配，长度根据地形确定，一般为 20~60m；发酵床墙体采用砖砌，墙体顶面铺设翻抛机轨道，地面需要做钢混硬化及防渗处理。

（三）集污搅拌池

建设容积要满足养殖场设计规模和暂存周期要求，池底部及四周用混凝土硬化做防渗处理。

（四）粪污喷淋设施

发酵槽的上方沿横向架设喷淋设备，利用潜污泵将集污池的粪浆吸入喷淋设备，均匀喷洒在发酵床上。

（五）槽式翻抛机

用于畜禽粪便、糟渣、饼粕和秸秆、锯屑等有机废弃物的发酵翻堆，适用于好氧发酵，应选取与发酵槽尺寸相配套的翻抛机。

（六）固液分离机

利用物理方式将畜禽粪便中的固体和液体相分离的机器，根据实际需要可选市售的筛分、螺旋挤压、辊压等不同类型的固液分离机器。

（七）沉淀池

液体粪污储存发酵设施，可根据当地的地质条件选择建设地上式或地下式，内壁和底面做好防渗措施，建设容积应按养殖场设计规模和储存周期确定。

三、典型案例

该案例位于汉中市南郑区协税镇马家岭村八组，以生猪繁育为主，建设标准化圈舍 12 000m^2，能繁母猪常年稳定在 1 200头左右，每年向社会供应商品仔猪30 000头以上。2021年创建为部级生猪标准化示范场，2022年纳入国家级生猪产能调控基地。该场日产生粪污量约为16.5t，于2020年引进异位发酵床集成技术处理生猪粪污。猪舍内漏粪地板下方修建4 500m^3的储粪池，猪舍外修建了4条宽4m长54m的发酵槽，发酵槽总容积为1 500m^3，日处理能力为24t粪污；发酵槽墙体为砖混结构，地面硬化做防渗处理，安装了自动化粪污喷淋设施和翻抛机；配套建设了6级沉淀池，容积为500m^3。按照锯末：稻壳为6：4的配比制作发酵床垫料，垫料铺设从下往上按照稻壳、锯末、菌种、稻壳、锯末、菌种，分6层进行铺设，垫床总高度为1.5m。猪舍内粪污定期通过排污管道排至舍外的集污池；经固液分离后固体粪污通过异位发酵床进行好氧发酵，发酵过程定期开动翻抛机进行翻抛，及时添加菌种，同时选用好氧和厌氧两种菌种，每10g菌种加入1kg红糖，溶于15kg水中，保持水温为36℃，发酵一周，秋冬季节每15d喷洒一次，夏季每月喷洒一次；液体粪污经6级沉淀池自然储存发酵，用于猪场外配套的70亩莲藕塘和25亩稻田施肥。与周边村民签订了无偿提供有机肥合作协议，消纳土地面积达1 500亩以上，真正实现了养殖粪污“零”排放（图18-2至图18-5）。

图18-2　异位发酵床车间（陈兴平　供图）

图18-3　移位架+翻抛机（陈兴平　供图）

图18-4　粪污喷淋（陈兴平　供图）

图18-5　6级沉淀池（陈兴平　供图）

四、取得成效

（一）经济效益

异位发酵床集成技术解决了粪污处理难题，改善了养殖场及周边环境卫生，粪污及时清出圈舍，畜禽不接触粪便，减少了疾病的发生，提高了成活率，降低了养殖成本，该场年销售商品仔猪 30 000多头，实现产值 2 500余万元，实现利润 150 万元，施用液肥的藕塘和稻田年每亩增收可达 500 元。

（二）生态效益

异位发酵床集成技术能有效改善养殖场生产环境，推进养殖业与种植业的紧密衔接，形成种养循环一体化，促进生态环境的协调发展，同时减少化肥的使用量，提高土壤肥力。

（三）社会效益

该公司积极参与扶贫带贫公益事业，同周边村民建立利益联结机制，激发了农户发展内生动力。带动农户通过发展养猪产业创收，引领作用明显；有机肥无偿供给周边种植户使用，对农民增收增产起到极大的促进作用。

推荐单位
陕西省畜牧技术推广总站
汉中市动物疫病预防控制中心
汉中市南郑区动物疫病预防控制中心

申报单位
汉中市南郑区裕鑫农业开发有限公司

陕西省

畜禽粪便覆膜堆肥集成技术

一、集成技术

（一）技术模式

畜禽粪便覆膜堆肥集成技术是依托物联网和智能控制系统，将智能通风供氧调控技术与先进功能膜技术相结合，通过智能供氧、保温、微压物质交换等多项技术联动，在膜内部形成微生物活动的适宜条件，发酵过程中微生物自身代谢产生高温，杀死病原体和有害微生物实现无害化。纳米膜的微孔结构阻挡氨气、硫化氢等臭气外溢，减轻臭气对周边环境的影响（图 19-1）。

（二）工艺流程

工艺流程为：原料预处理-翻抛-覆膜-智能通风-揭膜-陈化。将畜禽粪便与辅料进行混合，农作物秸秆、菌渣、稻壳、醋渣、玉米芯、木屑、谷壳等有机物均可作为辅料，秸秆、杂草、树枝等大粒径原料要进行机械粉碎，粒径控制在 0.1～3cm。粉碎好的辅料平铺在地面，铺设厚度为 20～30cm，用铲车或其他运输车辆将畜禽粪污运输到混料区，倒在预铺好的辅料上，撒上菌剂，用翻抛机混匀，运至发酵区，堆成条垛，堆体高度为 1.8～2m，覆

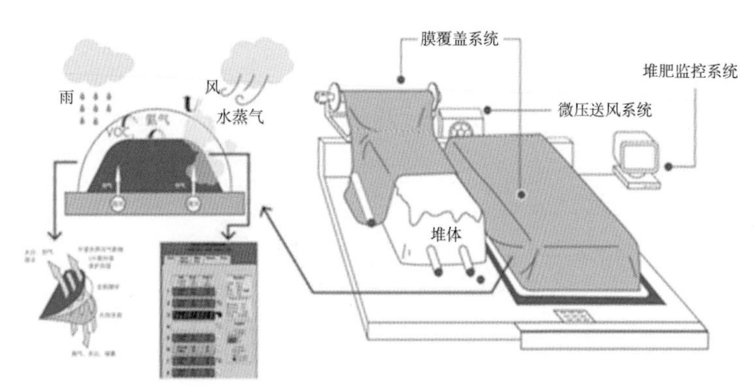

图 19-1　畜禽粪便覆膜堆肥系统示意

盖纳米膜，用压边袋或压紧器等方式压实纳米膜边缘，保持边缘不漏气。将监测器置于堆体内部，自动采集堆体温度和气压变化数据，并反馈到智能化软件，通过调节通风量和通风速度控制氧气的供给，确保各阶段的数据符合预先设定的参数区间。覆膜发酵周期为15~20d，当堆体不再升温，终止覆膜发酵，利用自走式卷膜机揭膜或人工揭膜，再运至陈化车间进行陈化，发酵产物经过陈化稳定后，可直接还田或进行有机肥深加工。

二、配套设施装备（图19-2）

（一）自走式覆卷智能翻堆机

其型号为ZLF42-T，动力为264kW柴油机，是集翻抛、覆膜、卷膜为一体的大型堆肥配套设备。可进行平地及深槽物料翻抛，槽内宽度≤4.22m，翻堆高度≤1.9m。采取履带液压行走设计，可前进、倒退、骑发酵槽行走，设备安装有防撞开关、防行走跑偏开关，可在开阔室外露天场地，也可在车间大棚内实施作业。采用绞笼升降设计，可随意更换场地和高度，操作便利。

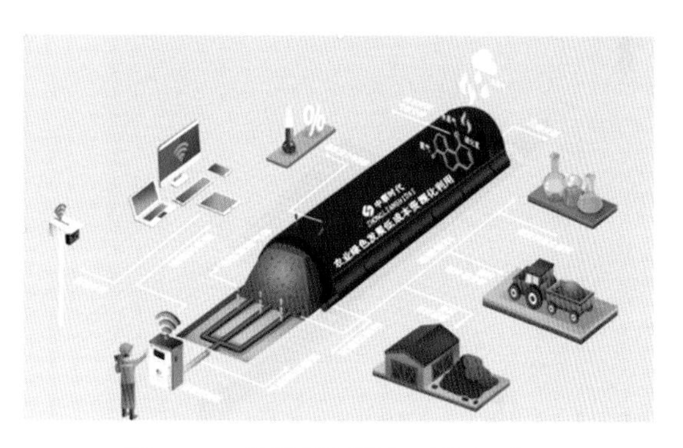

图19-2 覆膜堆肥设备系统组成

（二）纳米膜

膜覆盖材料是纳米膜微孔结构，是高分子选择性透气膜，具有防水、透视、隔菌、除臭的功能，允许二氧化碳、水蒸气穿透，能阻止堆肥过程中产生的病原菌、灰尘以及硫化氢、氨气等有害物质透过膜排放至外界环境，同时能阻隔雨水进入膜内，并避免外界环境变化（如雨、雪）对堆肥过程的影响；堆体内部的高温水蒸气在膜下冷凝形成一层液膜，能够有效阻止甲烷、氧化亚氮等气体排放至外界环境，实现温室气体减排，同时能够溶解氨气并回流至堆体，减少堆肥过程氮的损失，实现氨减排。

（三）智能静态通风调控系统

该系统由传感器、智能控制平台和自动通风控制系统组成，传感器置于堆体内，可检测膜内发酵温度，具备温度与曝气的关联控制。智能控制平台根据监测数据，按照特有的发酵运行逻辑公式，智能调节风机风速、通风时间和运行频率，精准控制发酵各阶段的氧气供给，确保发酵效率和质量。

（四）堆肥场、陈化车间和原辅料混料场地等配套设施

配套建设与存栏量相适应的堆肥场、陈化车间以及原辅料混料车间，场地用混凝土硬化，堆肥场长向还需留有5‰的坡度，将管道铺设部分开槽，开槽宽度20cm、深度20cm，槽内铺设通气管道，与自动通风控制系统联通。

三、典型案例

华裕牧业有限公司位于商洛市洛南县石门镇刘家村三组，主要从事蛋鸡的标准化养殖，目前存栏蛋鸡3万只，年产鲜蛋680余吨。鸡舍内采用自动饮水、自动喂料、自动清粪等设施设备。该公司粪污处理采用覆膜堆肥集成技术，配套建设127m^2的槽式堆肥场和100m^2的陈化棚，购置膜式堆肥机ZL-100M型1套和自走式翻抛机ZL-2400F型1台，配备安装智能化控制系统。采用食用菌棒、锯末和农作物秸秆作辅料，鸡粪与辅料的配比为1.8：1，调节碳氮比为25：1，含水量为65%，加入0.5%的复合微生物菌剂，混合翻抛，用铲车将混合好的物料装入发酵槽中，覆盖纳米膜，设定发酵的温度为55~70℃，一键启动智能系统，在发酵的过程中采用间歇鼓风，20d左右完成发酵，将发酵好的物料移至陈化棚进行存放，待物料稳定后，售卖给周边种植户施肥（图19-3、图19-4）。

图19-3　物料混合（宋新良　供图）

图19-4　覆盖膜堆肥（宋新良　供图）

四、取得成效

（一）经济效益

畜禽粪污覆膜堆肥集成技术具有投资少、运行成本低、发酵过程可控、

腐熟效率高、节省人力等特点。采用该技术处置畜禽粪便的成本约为 280 元/t，以年处理 2 万 t 畜禽粪便为例，生产有机肥约 6 000t，年收入约 270 万元，纯利润约 100 万元，与传统堆肥相比很具竞争力。

（二）生态效益

该技术解决了养殖场畜禽粪便带来的污染，大大改进了养殖场的卫生环境条件，同时纳米功能膜具有分子过滤微孔结构，阻挡了氨气、硫化氢等气体排放，能有效减少臭气污染和温室气体所导致的环境问题，乡村人居环境得到极大改善，有利于实现农牧结合绿色循环发展。

（三）社会效益

该技术处理畜禽粪污对病原微生物和虫卵杀灭彻底，使用后可明显减少土壤虫害，修复土壤，培肥地力，深受种植户欢迎，有机肥替代化肥作用显著，大大提升了农产品的质量和安全水平，促进农民增产增收，符合可持续发展的需要。

推荐单位
陕西省畜牧技术推广总站
商洛市畜牧产业发展中心
洛南县畜牧兽医中心

申报单位
洛南县华裕牧业有限公司

规模奶牛场大型沼气工程集成技术

一、集成技术

（一）技术模式

将粪污处理、能源转化和综合利用技术集成应用，采用“畜+沼+果”的利用模式，配套建设大型沼气工程，奶牛粪污采用中温厌氧发酵，沼气净化后作为生物能源供场区发电和热源使用，沼渣回垫奶牛卧床，沼液供周边果农施肥。

（二）工艺流程

牛舍内的粪污被刮粪板刮入冲洗主粪道，由冲洗水（粪污上清液与沼液上清液）将粪污冲入调节池，再由电动阀门和电脑控制进入发酵池，控制粪污总硫（TS）浓度为7%~10%，采用中温厌氧发酵，温度控制在37~40℃。发酵产生的沼气经脱硫、脱水、脱杂等净化过程后，一部分发电供场区使用，一部分进入锅炉，产生的热能供场区采暖、做饭、洗澡、发酵池的增温、保温等；发酵后的产物经固液分离，沼渣回垫牛床，沼液通过专用管网用于周边的猕猴桃果园和苗木种植园施肥（图20-1）。

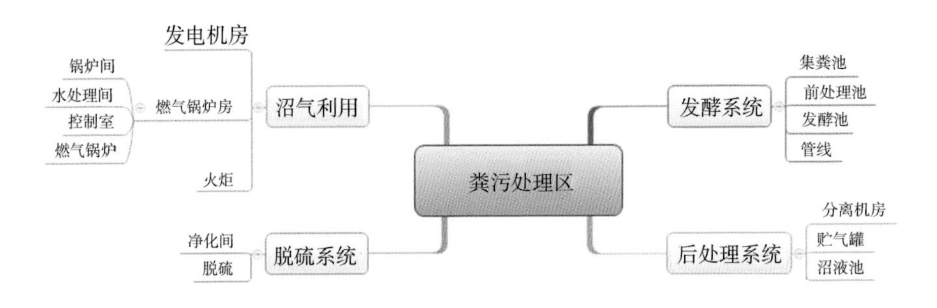

图20-1　规模奶牛场大型沼气工程集成技术工艺流程

二、配套设施装备

该技术模式采用大型沼气工程，其核心设施设备为：

（一）集粪池

在此单元对牛粪浓度和质量进行初步调节，主要通过液下搅拌器对粪污充分搅拌，要求 TS≥7%。

（二）进料池

粪污在调节池停留一段时间后，通过输送泵泵入进料池。进料池配有加热系统，对粪污预热加温，通过液下搅拌器搅拌，为发酵奠定基础。

（三）出料池

出料池为发酵系统做好浓度保障，粪污通过进料池的预处理，经过水切式分离机将底部高浓度原料（TS≥7%～10%）泵入出料池，并由进料泵（螺杆泵）输送至发酵池发酵。

（四）回冲水池

收集进料池和暂存池的上清液，回冲牛舍的粪沟。

（五）发酵池

发酵池为整个粪污处理系统的核心部分，在此处进行厌氧反应，产生沼气，由粪污进料口、厌氧发酵区（气室）、出料口组成。粪污发酵池内部设计有气室，能够容纳粪污在厌氧发酵过程中产生的沼气，气室内部采用涂抹超强弹性防水涂料，防止气室混凝土被腐蚀；外墙面及顶部喷涂 5cm 厚聚氨酯保温材料；发酵池内安装了加热盘管，顶部配有搅拌器、观察口、沼气管路、避雷设施、数据线桥以及压力显示和温度传感装置，粪污从进入发酵池到发酵结束出发酵池，需要停留时间不低于 18d。

（六）固液分离机

发酵剩余产物（沼液）汇集到出料池，由出料泵（潜污泵）输送至固液分离机进行固液分离，分离的干沼渣用于牛床垫料，沼液进行农田利用。

（七）脱硫系统

主要是去除发酵池产生沼气中含有的水蒸气和硫化氢。脱硫系统由净化间、脱硫设备组成，沼气进入脱硫间、生物脱硫塔，经过脱水、脱硫等处理后进入发电机房用于发电或供给燃气锅炉。

（八）沼气利用设备

发电机组主要分为控制系统、发动机、发电机、余热回收系统四部分，发动机以沼气为燃料产生热能，热能转化为动能，动能经过发电机转化为电能，为场区供电实现能量转化循环利用。

三、典型案例

该案例位于宝鸡市眉县横渠镇，存栏奶牛 24 898头，是一家集奶牛养殖、牛奶销售、有机肥生产加工于一体的大型综合性农业企业。该公司通过建设大型沼气工程，配套购置沼气发电设备，修建液肥输送管道，采取“畜+沼+果”的利用模式，实现奶牛粪污综合利用，促进种养紧密结合。粪污处理系统总投资 1 亿元，建设成发酵池 19 个、总容积为 47 500m^3的特大沼气工程，发酵池主体结构为半地下式钢筋混凝土结构，地下部分深 3.1m，地上部分高 1.4m，发酵池共计 19 个巷道，每个巷道宽 6m，长 128.25m，最大深度为 4.5m，每个巷道可以容纳 2 250m^3粪污，19 个巷道共计可以容纳 4.7 万 m^3 粪污；日处理粪污最大量为 3 000m^3，日产沼气约 42 000m^3，购置安装了 500kW 沼气发电机组 5 台，装机总功率 2.5MW；购置 2 台 8t 燃气锅炉、1 个 20 000m^3的贮气柜，日常存贮为 5 000m^3，年发电 1 200万 kW·h，满足全场电力需求，为牧场节约电费 600 万元，还有一部分沼气给沼气锅炉提供燃料，日产蒸汽 150t 左右，蒸汽可满足整个牧场使用；沼渣用来回垫奶牛卧床、沼液供周边猕猴桃种植户使用（图 20-2 至图 20-5）。

图 20-2　工艺全景（王学主　供图）

图 20-3　沼气发电车间（王学主　供图）

图 20-4　沼气锅炉（王学主　供图）

图 20-5　沼气储存设施（王学主　供图）

四、取得成效

（一）经济效益

该公司目前沼液产量 1 200m^3/d、沼渣产量 450m^3/d、沼气发电 3.4万 kW·h/d，满足全场的电力需求，节省了电费、燃料费用；处理后的沼渣干净卫生、疏松透气，作为牛床的垫料，提高了奶牛舒适度，奶牛产奶量显著增加，也减少了购买牛床垫料的支出。通过粪污综合利用，提高了奶牛生产水平，大大降低了牧场运行费用。

（二）生态效益

奶牛粪污具有产生量大、难治理的特点，通过建成大型沼气工程，可降低奶牛粪污中污染物的排放，减少对水环境的污染。沼气是清洁能源，利用沼气发电、作燃料可减少二氧化碳等温室气体排放。用沼液、沼渣还田可改善土壤理化性质，增加有机质含量，提升农作物品质，实现了养殖效益、种植效益、环境效益和生态效益的多赢。

（三）社会效益

该牧场周边配套青贮玉米种植面积达 4 万亩，带动周边农户 4 000户。沼液中含有丰富的氮磷钾与有机质，对改良土壤结构、提高农产品品质、降低化肥使用量有着显著的效果，通过施用沼液还田，每亩增收 150~260 元，年增收达 600 万~1 000万元，农户实现了增产增收，极大调动了种植积极性，形成种养结合粪污综合利用的产业链模式。

推荐单位
陕西省畜牧技术推广总站
宝鸡市畜牧兽医中心
眉县畜牧兽医技术推广站

申报单位：
现代牧业（宝鸡）有限公司

规模猪场粪污全量收集种养结合集成技术

一、集成技术

（一）技术模式

将生猪粪污收集处理、能源利用与农田灌溉技术相结合，生猪粪污通过漏粪地板全量收集，进行固液分离，固体粪污好氧堆肥发酵，液体粪污通过黑膜沼气池进行厌氧发酵，配套建设粪肥输送管网、水肥混合设备和农田喷灌设施，构建水肥一体化种养循环模式，打通粪肥还田种养结合最后一公里。

（二）工艺流程

猪舍内建有漏粪地板，生猪粪尿通过漏粪地板汇集到地下收集池，储存1~6个月之后，拔掉粪塞，通过水流冲击力将粪污冲入排污管道，沿排污管道自流至中转池，在中转池经潜水搅拌机搅拌均匀后用两相流泵加压送至收集池，再经固液分离，固体粪污经过好氧堆肥用于制作有机肥。液体粪污进入黑膜沼气池经厌氧发酵，产生的沼气通过燃放火炬排放，沼液通过黑膜沼气池顶部出水管道自流至沼液储存池，在施肥季节根据作物需求，用两相流泵将沼液压入支农管网，与灌溉水按一定比例混合后进行水肥一体化施肥。工艺流程如图21-1所示。

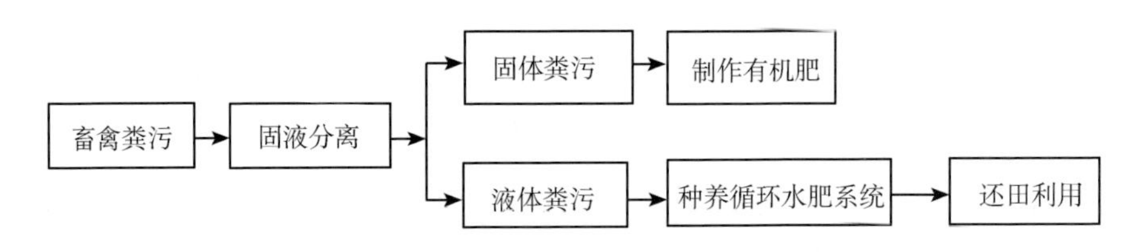

图21-1　规模猪场粪污全量收集种养结合集成技术工艺流程

二、配套设施装备

（一）堆肥棚

配套修建与养殖场设计存栏量相匹配的固体粪污堆肥场，顶部设置遮雨棚，底部采用混凝土硬化，墙体采用砖砌或混凝土结构，达到防雨、防渗、防溢流的要求。

（二）黑膜沼气池

主体为混凝土结构加两层黑膜，其容积与养殖场设计存栏量相匹配。黑膜沼气池采用底部进水、底部排泥、顶部出水的设计工艺，黑膜沼气池一直保持在满水状态。

（三）沼液储存池

用于储存沼液，采用混凝土结构加一层黑膜，其建设容积要满足养殖规模和储存周期的需要，做好防渗与覆膜，消除安全隐患，减少臭气排放。

（四）固液分离机

通过螺旋输送和挤压式等原理实现高效率固粪脱水。出料口设有杠杆装置及可调配重进行自动+手动调节出粪干湿度。

（五）滚筒筛

滚筒筛由滚筒、筛网、机架、集水斗、减速电机、导流筒六部分组成。单元网底泵送的粪水进入上层滚筒后，靠滚筒旋转的离心力来实现粪水分离，滚筒筛设计3%的倾角，使粪往低处走。筛分出的水经管道自流至下层滚筒再次离心筛分，湿粪自导流筒落入挤压机，由挤压机螺旋挤压进行脱水。滚筒筛分离出的污水自流入主管道后端的缓冲池，再通过泵送至黑膜池。

（六）两相流泵

将发酵后的沼液通过两相流泵加压还田。

（七）支农管网

通过埋设地下管道联通沼液储存池和种植用地，主要用于沼液输送，视场区规模、农田分布、作物需求等情况确定铺设方案。埋设深度为地下80~100cm，管材采用PVC管材质，管径分别为Φ160mm、Φ110mm，管道沿田间地头每隔80m设置一个出水装置，连接耐压软管进行喷灌施肥。

三、典型案例

该案例位于陕西省渭南市华州区柳枝镇南关村，目前存栏生猪8万头，建有保育舍24栋、育肥舍49栋、保育育肥一体舍71栋。粪污处理设施的建设按照循环发展的理念和环保要求，以“废物利用与污染治理相结合”的原则，生猪粪污采用水泡粪全量收集，黑膜沼气发酵，固液分离后固体粪污经好氧堆肥生产有机肥，液体粪污在沼液储存池存放，在施肥季节经支农管网输送到田间地头进行水肥一体化施肥。配套建设两座污水收集池共628m^3，堆粪棚840m^2，黑膜沼气池20 107m^3，沼液储存池68 355 m^3，高标准做好防渗与覆膜除臭，做到无安全隐患、无臭气排放；铺设支农管网近30 000m，覆盖周边5 000余亩农田（图21-2、图21-3）。

图21-2　固液分离车间（王党委　供图）

图21-3　黑膜沼气池（王党委　供图）

四、取得成效

（一）经济效益

通过实施粪污资源化利用，每年生产有机肥超过1万t，每吨纯收入200元，直接经济效益200万元；沼液免费供周边农民使用，减少化肥施用量，农民减少购买化肥费用为26.2元/亩，增收20.5元/亩，提高了农民经济收入。

（二）生态效益

畜禽粪污经无害化处理，杀灭大量病原微生物，改善了畜禽场周围的环境卫生，减少疾病发生，改善农村人居环境，沼肥中含有丰富的有机质、微量元素及氮、磷、钾等养分，有助于改良土壤结构、提高土壤有机质含量、培肥地力，确保农作物稳产高产，施用沼肥每年可减少化肥用量40%，有效降低化肥中重金属在土壤中的残留。

（三）社会效益

通过种养循环等模式推广，增加有机肥施用量，提升农产品品质，有利于农产品品牌价值提升和增强产业竞争力；同时引导畜牧业向高效生态转型，有效减少畜禽粪污排放，美丽宜居乡村得以再现，有利于推动社会经济和谐发展，实现乡村振兴。

推荐单位
陕西省畜牧技术推广总站
渭南市农技推广中心
渭南市华州区畜牧发展中心

申报单位
华州区渭南牧原种猪育种有限公司

陕西省

规模鸡场高温好氧发酵堆肥集成技术

一、集成技术

（一）技术模式

高温好氧发酵罐是将好氧发酵与机械传动、通风保温、自动控制等现代化技术相结合，整个过程实现自动控制。其原理是利用微生物的活性对畜禽粪污进行分解、腐熟，发酵罐中的漩涡气泵通过搅拌轴上的曝气孔送氧，同时进行搅拌，在好氧菌的作用下，有机物分解产热，逐渐升温到 50~60℃，最高达到 70℃，高温能有效杀灭虫卵和病原微生物；发酵结束后物料在发酵罐主轴以及重力作用下，逐层下落，从排料口排出，在处理过程中没有废水、废物排出，实现了“零污染”。

（二）工艺流程

智能好氧发酵罐处理工艺流程包含：混料调质、上料、好氧发酵、自动放料四个过程，首先将畜禽粪便与秸秆、稻壳、菌棒等基质按照一定比例进行混合调制，调节含水率为 55%~60%，碳氮比为（25~35）：1，混合好的物料经料斗移送至进料口投入发酵罐，在罐体内进行好氧发酵，物料中的有机质在 24~48h 内快速分解，分解代谢释放的热量使物料温度快速升高，最高可达 70℃。通过送风曝气系统向发酵罐内均匀送风，满足好氧发酵对氧气的需求，使物料充分发酵分解，高温阶段维持 5~7d，随后分解速度缓慢下降，温度逐渐降至 50℃以下。整个发酵过程持续 15~20d，发酵过程产生的臭气通过喷淋塔等除臭设施处理。发酵结束后，物料在发酵罐内部主轴翻拌以及重力作用下逐层下落，实现自动出料。发酵腐熟的物料堆放在陈化车间进行二次腐熟，通常存放时间为 20~30d，待物料稳定后可用于田间施肥，也可进行筛分、烘干、制粒等深加工，生产商品有机肥。其工艺流程图如图 22-1 所示。

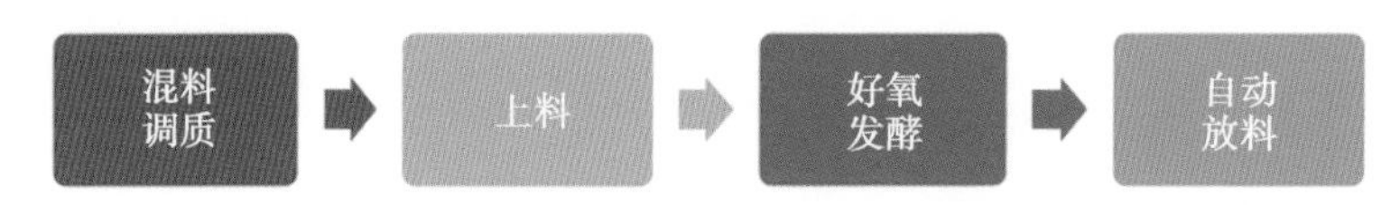

图 22-1　智能好氧发酵罐处理工艺流程

二、配套设施装备

（一）好氧发酵设备

好氧发酵设备也称畜禽粪便发酵处理机、立式发酵塔等，其主要构成为：

罐体：由发酵罐、保温层、基座以及爬梯、防护栏等附属设施组成。罐体工作室内层采用 304#不锈钢，外层采用 Q245 碳钢，厚度为 5mm，保温层为玻璃纤维棉，厚度不小于 50mm 。动力驱动室置于基座内，罐体一侧安装爬梯、顶部设置防护栏杆，便于日常检查维护。

搅拌系统：罐体内安装 12 条搅拌桨叶，采用液压驱动两个油缸推动棘轮工作进行搅拌，使物料混合均匀，利于发酵腐熟。

送风系统：由风机和通风管路组成，采用高压漩涡风机，进风管安装止回阀防干扰，蝶阀可调节风量。

除臭系统：除臭方式为喷淋除臭，由除臭塔、热回收装置和排风机组成。

上料系统：由料斗、上料电机、减速机、滑动轨道和维修平台组成，实现自动上料。

控制系统：由控制柜、温控系统、搅拌控制系统、进料控制系统等组成，控制系统核心部件采用 PLC 可编程控制器，具有手动、自动、遥控控制功能。

出料系统：出料口开合使用液压驱动自动开启关闭，自流+皮带卸料，卸料门开度可调。

雨棚：在罐体顶端设置雨棚，顶棚采用厚度为 0. 8mm 的彩钢瓦，达到防雨功能。

（二）自动清粪系统

采用传输带式清粪系统，包括舍内的纵向、横向、斜向传输带和舍外传输带。鸡粪通过传输系统输送至粪便处理场所，做到鸡粪不落地。

（三）小型铲车

发酵前对畜禽粪便和辅料按一定比例进行调节，使用小型铲车进行翻搅混合。

三、典型案例

该案例位于陕西省商洛市洛南县，目前存栏蛋鸡 5 万只，采用六层叠层式笼养，传送带清粪，饲喂、饮水、通风、调温、拣蛋、清粪全部实现了智能化远程控制。2023 年，在洛南县畜禽粪污资源化利用整县推进项目的支持下，引进示范发酵罐高温好氧堆肥技术，购置了一台 11FFG-120 型好氧发酵罐，配套安装喷淋除臭设备，修建了 60m 的舍外粪污传送带、400m^2 的原粪预处理车间和 700m^2 陈化车间，鸡舍内的粪污经传送带收集后，再经 60m 室外传送带输送至预处理车间，加入 20%的秸秆、锯末、食用菌菌棒等农作物下脚料，每吨物料加入 100g 发酵菌剂进行搅拌，送入发酵罐的进料斗，进入密闭发酵罐，经 7~10d 高温好氧发酵，从排料口排出，将腐熟好的鸡粪进行陈化静置；臭气经吸附过滤、冷凝降解后，变为液体进入集污池。经过发酵处理后的鸡粪中，大肠杆菌和蛔虫卵的杀死率可达 100%，作为有机肥售卖给周边蔬菜、水果种植户使用，目前覆盖县境内农田 3 000余亩，还有一部分装袋进行远距离销售，供外县猕猴桃等水果种植户使用（图 22-2 至图 22-5）。

图 22-2　粪污收集系统（宋新良　供图）

图 22-3　粪污传送系统（宋新良　供图）

图 22-4　好氧发酵罐（宋新良　供图）

图 22-5　喷淋除臭塔（宋新良　供图）

四、取得成效

（一）经济效益

高温智能好氧发酵设备占地面积小、自动化程度高、使用寿命长、节省人力，以每月处理原粪 300m^3，产出成品每 100m^3 折合重量为 80t 计算，每月处理费用为 1.3 万元，按照成品有机肥均价 500 元/t 的市场价格销售，每月的毛利润约 2.7 万元，年毛利润在 32 万元左右，预计 3 年可收回成本。

（二）生态效益

与传统堆肥相比智能好氧发酵集成技术具有发酵过程全密闭、保温效果好、腐熟更彻底、处理效率高等优点，对病原微生物和虫卵杀灭更彻底，完全达到无害化，不会产生二次污染；通过喷淋减少臭气排放，实现温室气体减排，改善了养殖场环境，减少臭气对周边居民的影响，极大改善农村人居环境，实现农牧业的可持续发展。

（三）社会效益

随着经济社会的发展和生活水平的提高，安全优质、绿色有机农产品日益收到消费者的欢迎，也为有机肥料提供了广阔的发展空间。采用智能好氧发酵罐进行畜禽粪污资源化利用，能够实现节本降耗、提质增效，有利于改善土壤结构，防止土壤养分的流失，提升农产品品质，促进农民增产增收。

推荐单位
陕西省畜牧技术推广总站
商洛市畜牧产业发展中心
洛南县畜牧兽医中心

申报单位
洛南县风馨乐农业有限公司

畜禽粪污与秸秆联合厌氧发酵集成技术

一、集成技术

（一）技术模式

畜禽粪污与秸秆联合厌氧发酵，是将畜禽粪污和农作物秸秆混合后进行厌氧发酵，解决了两种废弃物的污染问题，同时混合物料也使发酵过程中厌氧菌所需的营养更加均衡。先将秸秆进行粉碎处理，一方面可以将秸秆粒径变小；另一方面也可以一定程度破坏秸秆的纤维结构，改善其生物降解性能。再利用回流沼液对秸秆充分浸润，进行固态预处理。回流沼液中含有纤维素类物质降解的胞外酶及厌氧微生物，可以加强对秸秆纤维结构的破坏作用，有利于后续的厌氧发酵。由发酵罐排出的沼渣和沼液进行固液分离，沼渣进一步加工成有机无机复混肥和有机肥销售。沼液采用最先进的多级过滤和膜浓缩技术浓缩制成沼液肥。

（二）工艺流程

采用北京化工大学自行研制的高压水洗技术进行沼气的净化提纯。该系统由脱碳、脱硫、冷凝脱水、吸收剂再生系统四部分组成。此吸收-解吸系统为高低压双塔系统，高压塔吸收，低压塔解吸。该工艺的特点是：只使用自来水为介质，且可以循环使用，非常环保，提纯成本低，处理能力大。

二、配套设施装备

（一）厌氧发酵设备

进料螺杆泵（Q=150m^3/h，输出压力 0.4MPa，P=30kW）、出料螺杆泵（Q=150m^3/h，输出压力 0.4MPa，P=30kW）、调节池搅拌器、立搅拌器、侧搅拌器、斜搅拌器、凝水罐、正负压保护器、调节池增温补温系统、发酵罐增温补温系统等设备。

（二）提纯设备（图 23-1）

提纯系统设备 Q=800Nm^3/h 和 Q= 1 600Nm^3/h 各 1 套，采用水洗提纯技术，设备包含阻火器、压缩机、吸收塔、闪蒸塔、解析塔、缓冲罐、循环

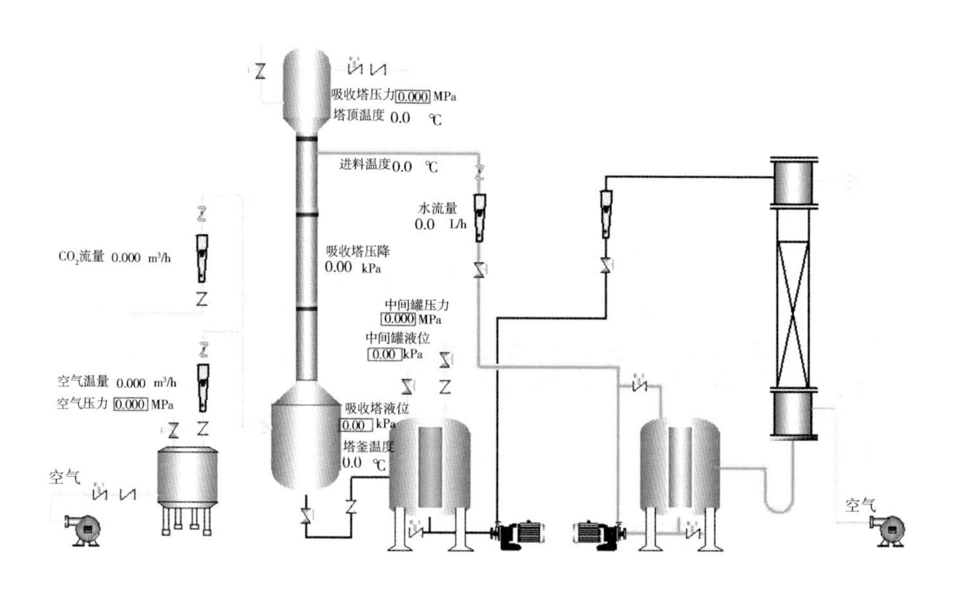

图 23-1　高压水洗提纯沼气工艺流程（方三叶　供图）

泵、制冷机、鼓风机、脱水装置、气体流量计、液体流量计、压力传感器、温度传感器、成分分析仪、控制柜和管道阀门等。

（三）贮气设备

双膜干式贮气柜含防爆鼓风机、水封器、配电柜和仪表柜等。

（四）其他设备

烘干机、粉碎机、自动计量包装系统、烘干机、粉碎机、滚筒造粒机、自动计量包装系统、复混肥生产其他设备等。

三、典型案例

该案例位于张掖市甘州区和高台县，甘州区示范点建成日产 2 万 m^3 特大型沼气及有机肥生态循环利用生产线，主要配套建设厌氧消化装置 2 万 m^3 以及项目配套的原料收集、仓储和预处理系统等，年处理畜禽粪便 7 万 t,、农作物秸秆 0. 65 万 t（干物质），年产沼气 700 万 m^3、4 万 t 有机无机复混肥和 4 万 t 有机肥；高台县南华工业园区示范点，建成日产 2 万 m^3 生物天然气及有机肥生态循环利用生产线，年处理畜禽粪污 12. 5 万 t、农作物秸秆 1. 66 万 t，年产生物天然气 700 万 m^3、4 万 t 有机无机复混肥和 2. 59 万 t 有机肥的肥料。建立政府扶持、企业主导、镇村配合、农户参与的农作物秸秆、畜禽粪污等农业废弃物收储运、回收循环利用工作机制，开展以废弃物置换有机肥、固体燃料等模式的探索，形成农业废弃物高效利用和清洁能源（沼气）、有机肥生产供应的生态循环体系（图 23-2、图 23-3）。

图 23-2　液体粪污厌氧发酵处理
（方三叶　供图）

图 23-3　高台县项目
（方三叶　供图）

四、取得成效

（一）经济效益

甘肃方正节能科技服务有限公司年收入约 4 410万元。沼气发电并网，收入 530 万元；年产生物天然气 420 万 m^3，收入 1 470万元；年产有机肥 3.2 万 t，销售收入达 1 760万元；年产沼液肥 10 万 t，收入 200 万元；育苗基质收入 450 万元。

（二）生态效益

年处理牛羊粪 15 万 t、秸秆 1.3 万 t 和尾菜 12 万 t，减少二氧化碳排放量约 10 万 t。年生产 6 万 t 有机肥、有机-无机复混肥，可替代化肥 4 800多吨，沼液肥的使用减少了化肥使用量 30%，为当地绿色循环农业发展奠定了坚实基础。

（三）社会效益

通过秸秆、畜禽粪便、尾菜等农业废弃物进行生物转化，实现了废弃物的高效利用，减少了农业废弃物对环境的污染。带动周边农户发展绿色有机蔬菜，新增就业岗位 120 人，增加农民收入。促进了种养结合发展，为转变农业发展方式提供了有力支撑。

推荐单位
甘肃省畜牧兽医局
张掖市畜牧兽医局

申报单位
甘肃方正节能科技服务有限公司

区域处理中心畜禽粪污好氧发酵集成技术

一、集成技术

（一）技术模式

粪污的收集：牛舍采用自动定时清粪，每栋牛舍都配备专用的刮板清粪机及集粪池。由清粪机定时清理牛粪并收集到集粪池，由专用运输车辆将粪便运输至有机肥加工产区。

处理利用流程：公司及周边养殖户的畜禽粪污，先统一收集到氧化塘内，经固液分离后，固体粪污进行好氧发酵后生产有机肥，液体粪污进入氧化塘发酵后生产液态生物肥还田利用。

（二）固体有机肥加工工艺流程（图 24-1）

1. 预处理

为降低粪污含水率，堆肥时的预处理主要是调整碳氮比和水分。

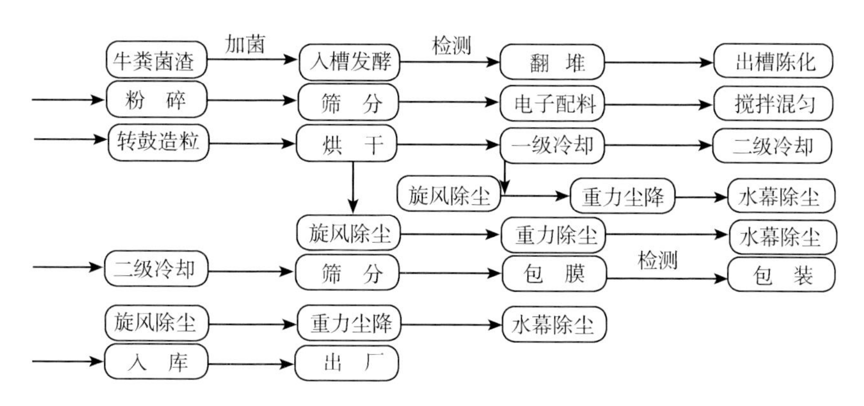

图 24-1　固体有机肥加工工艺流程（马金　供图）

2. 好氧发酵

由一级发酵和二级发酵两个阶段组成，堆肥是一系列微生物活动的过程，包含着矿质化和腐殖化过程，可以分为升温、高温、降温和腐熟四个阶段。

(1) 一级发酵。该阶段通常需要向堆积层或发酵装置中供氧，堆肥原料中存在的微生物吸取有机物中的碳、氮等营养成分，在合成细胞质自身繁殖的同时，将细胞中吸收的物质分解产生热量。可露天进行也可在发酵装置中进行。

(2) 二级发酵。在该阶段，将一级发酵未分解的有机物进一步分解，使之变成腐植酸、氨基酸等比较稳定的有机物，得到完全成熟的堆肥成品。此阶段通常不需要通风，但应定期进行翻堆。

(3) 后处理。堆肥成品需要经过分选去除杂物，并进行再干燥、破碎、造粒以及打包、压实选粒等过程。

(4) 储存。堆肥发酵受场地和时间限制，一般应设有至少能容纳 6 个月产量的储存设施。

（三）液体有机肥加工工艺流程（图 24-2）

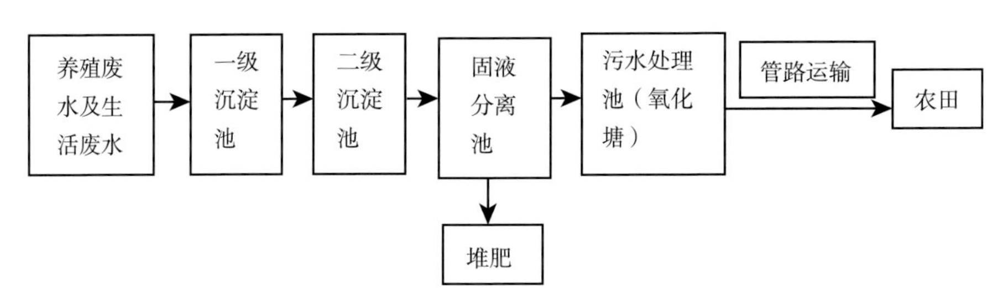

图 24-2　液体生物有机肥加工工艺流程（马金　供图）

(1) 收集。养殖废水及生活污水通过管道进入沉淀池。

(2) 沉淀。将废水通过三级沉淀池沉淀后，进入固液分离池。

(3) 搅拌切碎。在固液分离池用搅拌切割泵将混合粪污搅拌切碎，进入固液分离机。

(4) 固液分离。通过固液分离机将粪污分离成液体和固体，液体进入液体生物肥发酵池，固体进入堆肥场。

(5) 厌氧发酵。粪水进入氧化池，厌氧发酵。

(6) 液态有机肥施用。发酵好的液态有机肥通过输送管路输送到喷灌、滴灌调水池，按照施肥量加入调水池，通过喷灌机和滴灌带进行灌溉。

二、配套设施装备

此集成技术需要相应地配备固液分离机、粉碎机、搅拌机、翻抛机、发酵设备、施肥机械等设施装备。这些设施装备的投入使用可以提高作业效率，降低劳动成本。

三、典型案例

该案例位于张掖市甘州区，通过将周边养殖场（户）产生的粪污和种植户的作物秸秆等有机废弃物通过好氧、厌氧发酵工艺进行发酵腐熟后还田利用，按照收集-处理-利用的方式，建立收储运机制，改善土壤质量，提高农业生产效益，最终实现“变废为宝、循环利用”的目的。在该公司示范带动下，甘州区多家种植合作社采用了此技术，通过将玉米秸秆和畜禽粪便进行粉碎发酵后还田，有效改善了土壤质量，提高了玉米产量(图 24-3)。

图 24-3　种养循环（马金　供图）

四、取得成效

（一）经济效益

年新增固体有机肥 16.02 万 t、液体有机肥 31.47 万 t，按照固体有机肥 800 元/t，液体有机肥 150 元/t 计算，年均增加产值 17 536.5万元，其中，固体有机肥 12 816万元、液体有机肥 4 720.5万元，年节约外购化肥成本 3 105.14万元，为有机肥替代化肥、保护耕地、提升土壤有机质行动提供有力的支持。

（二）生态效益

通过农业废弃物的资源化利用，减少了化肥和农药的使用量，土壤的有机质含量得到提高，改良了土壤地力。饲草的生长环境得到优化，抗逆性增强，产出的高品质有机饲草料大大促进了畜禽的健康生长，促进了绿色循环农业可持续发展。

（三）社会效益

通过向周边市县推广农业废弃物处理等技术，累计培训500人次，可提供60个就业岗位，人均年收入约5.5万元。推进畜禽粪污资源化利用工作，促进种养结合，进一步加大农业增效、农民增收，激发了农民发展绿色循环农业的积极性。

推荐单位
甘肃省畜牧兽医局
张掖市畜牧兽医局

申报单位
甘肃前进生物科技发展有限公司

牛粪生产可降解地膜集成技术

一、集成技术

（一）技术模式

奶牛养殖场恒温奶牛舍卧床、粪道交替布局，每两个粪道为一组，安装自动回旋清粪装置，将粪道出粪方向设计一致，定时将各道粪污集中收集至圈侧总集粪道，采用总集粪装置将粪污送至牛舍外。总集粪道采用 KS 型专用刮粪装置，将牛舍粪污集中送至牛舍外后，经一级搅拌沉砂池，将粪污搅散让砂砾快速沉底，粪污溢流进入二级沉砂池，让粪污中残留的砂砾自然沉底。粪污溢流进入固液分离收集池，粪污经固液分离、除杂后液体粪污进入磨浆系统，添加一定的植物秸秆后使用磨浆设备进行处理，处理完成后通过改造、改进喷涂设备及造纸工艺设备生产生物质可降解液体地膜和生物质可降解纸膜两种产品。在该技术研发及应用过程中，注重实际可操作性和经济可实现性，研究思路为解决奶牛养殖粪污处理和土壤修复、改良土壤，减少传统塑料地膜的使用量，可实现种养结合循环模式。

（二）工艺流程（图 25-1）

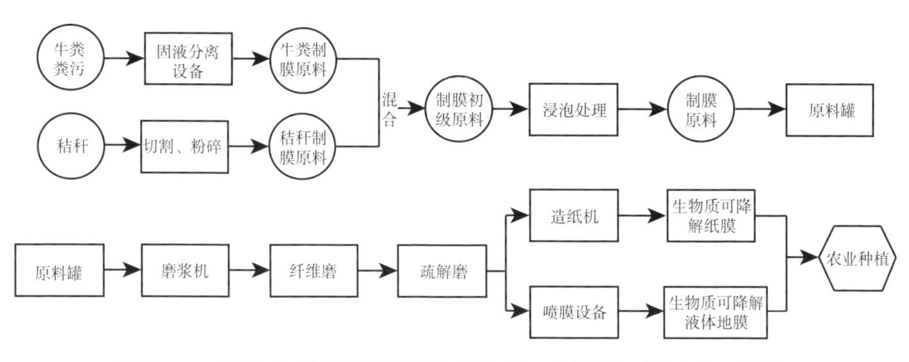

图 25-1 牛粪生产可降解地膜集成技术工艺流程（杨昆山 供图）

二、配套设施装备

（一）固液分离设备

将奶牛粪污资进行固液分离。该设备具有分离程度高、可连续高负荷运行等特点，型号为 WDGY-40。

（二）磨浆机

该设备主要用于原料的去纤维化，使牛粪等原料具有一定的柔软性、可塑性等理化性状，具有连续作业、切除功能等特点。

（三）喷涂设备

该设备为公司自主研发改造设备，该设备主要用于将磨浆后的原料喷涂至土壤表面（图 25-2）。

（四）成膜设备

该设备以造纸机为基础进行改造，用于将磨浆之后的原料通过造纸工艺制造成生物质可降解地膜（图 25-3）。

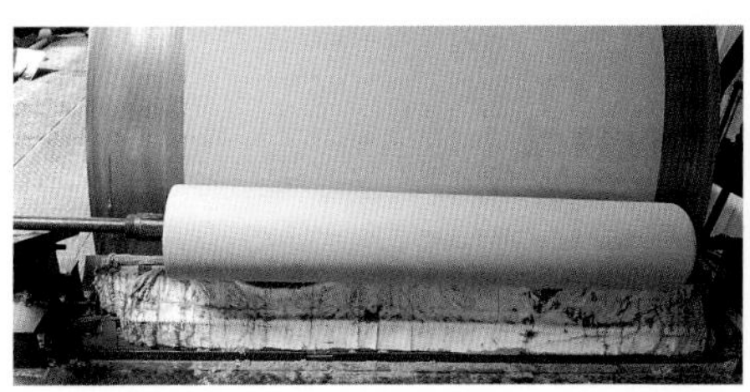

图 25-2　喷涂设备（杨昆山　供图）

图 25-3　成膜设备（杨昆山　供图）

三、典型案例

该案例位于张掖市民乐县，是一家集奶牛养殖、肉羊繁育、饲草种植为一体的现代化农业公司。针对公司面临的土壤酸化、养分过低、PE 地膜残留、粪污资源利用、生态环境保护等问题，公司探索利用牛粪等废弃纤维生产生物质可降解地膜种植玉米等作物。将牛粪进行工艺技术处理制成可降解生物质液体地膜喷涂在土壤表面可自然成膜或通过造纸工艺技术制造纸膜，改变传统农业使用塑料地膜的做法，在玉米、苜蓿种植环节中具有保水、保湿、保墒的作用；有利于覆盖沙化土壤，起到固沙作用；可起到土壤修复和土壤改良作用，提高土壤养分含量，有利于农作物生长；减少春季播种后人工覆膜（传统塑料地膜）、收获后残膜捡拾工序。

四、取得成效

（一）经济效益

利用此技术可提高青贮玉米产量15%、提高青贮苜蓿产量12%；可节约人工放苗、人工残膜回收等费用150元/亩；累计提高经济作物利润260元/亩（图25-4）。

图25-4　利用可降解地膜种植玉米
（杨昆山　供图）

（二）生态效益

生物质可降解地膜在完成其农业应用功能后，能够在自然环境中逐步降解，消除了传统塑料地膜带来的环境污染问题；能够保持土壤水分，提高土壤温度，改善土壤理化性质，促进土壤微生物活动和植物生长，从而有助于维持良好的土壤结构和肥力。

（三）社会效益

生物质可降解地膜可全部降解，通过对该技术的推广应用，可改变传统使用农用PE地膜的生产习惯，有效保护土壤环境及提高土壤营养成分，提升经济效益。

推荐单位
甘肃省畜牧兽医局
张掖市畜牧兽医局

申报单位
甘肃华瑞农业股份有限公司

区域性粪肥处理点粪污固液分离处理集成技术

一、固体粪污处理技术

（一）微秸宝集成技术

1. 固体粪污处理技术模式（图 26-1）

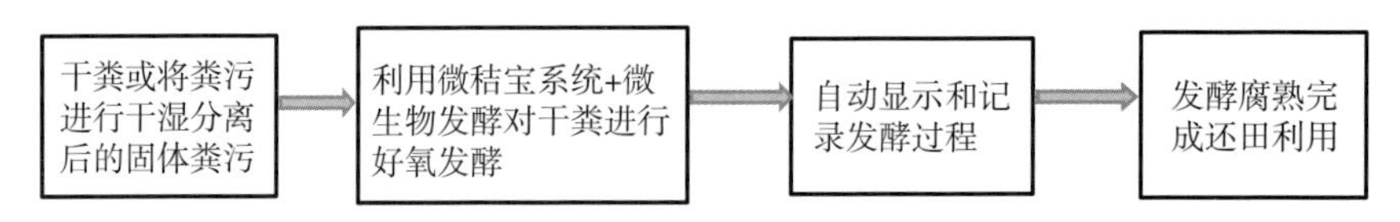

图 26-1　固体粪污处理技术模式（周祥玲　供图）

将纳米膜覆盖于固体粪污堆上，在二氧化碳气体快速排出的同时能够保留大分子有机物，避免了肥料中有机质和养分的流失。微生物发酵包，富含多种真菌和哈茨木霉菌，能快速分解秸秆和畜禽粪中的纤维，实现快速发酵，同时使肥堆温度达到 55～70℃，有效杀灭病原菌。该技术利用物联网和移动互联网技术，通过蜂窝网络将发酵腐熟关键数据传输到微秸宝云，用户可用移动电话（手机）扫二维码或在微信公众号实时查看发酵进程。

2. 工艺流程

微秸宝发酵根据设备一般设定 120m^3 和 60m^3 两种，分别为肥堆宽 4m、长 20m、高 2m 和宽 3m、长 10m，高 2m。

平整或硬化场地后使堆肥的地面有一个 5～10°的坡度（便于收集发酵过程中产生的肥液），预留好曝气管道的位置，四周修建一圈 10cm 高的围堰，将发酵液蓄积在肥堆内部防止肥液向外扩散。较低的一端放入一个肥液收集桶，收集发酵过程中产生的肥液。

将曝气管道放在预先预留的位置。微秸宝曝气管道铺设在防水膜上面肥堆的底部，采用双管道设计，两根曝气管道间距 1m 的距离，可以让堆体有更好的发酵环境。曝气管道头部与控制器出风口连接，曝气管道尾部要全部埋没入肥堆，可防止气体逃逸。

（1）调节物料含水量，最好添加农作物秸秆。机械粉碎秸秆，长度在1~3cm为宜，将粉碎好的秸秆与畜禽粪污充分混合均匀，确保混合后的物料含水量在50%~60%。

（2）处理120m³物料，需要菌剂10桶（72kg）。将微秸宝菌剂A包和B包拆开，A包用3kg 30~50℃的温水搅拌均匀浸泡20min左右激活微生物菌。再与B包进行混合搅拌均匀。将混拌好的菌剂分两次撒入物料，保证菌剂与物料的充分混合。

（3）铺设微秸宝曝气管道并与控制箱连接，曝气管道上分布着小孔，用粉碎的秸秆将管道遮盖，以防物料堵塞小孔。

（4）将菌剂撒入物料堆后用机械将物料移至微秸宝建堆区，在离地1.5m左右斜45°插入温度传感器，覆盖专用篷布，将四周用水袋、布袋压实。

（5）接通电源，扫码绑定微信小程序，通过微信小程序实时观测内层、中层、外层的发酵温度。

（二）配套设施装备

微秸宝-农业废弃物资源化利用智能堆肥设备（简称微秸宝）。该系统由离心风机、管道、温度传感、高分子纳米膜组成。

工艺特点：一是可就地堆肥，减少原料运输成本；二是无臭味产生，对环境友好；三是发酵时间缩短至6~8周即可完成；四是发酵更充分，可直接还田；五是无需翻堆，省时省力。

（1）透气防水专用膜。该膜由三层结构组成，最外层是在科尔迪尤拉尼龙面料的基础上，织入了网状的聚酯纤维，具备很强的耐磨性、耐撕裂性和强度，有很好的防紫外线功能，使用期较长；中间层是PTFE空气净化膜，该膜孔径小（0.05~0.45μm），分布均匀，孔隙率大，在保持空气流通CO_2正常排放的同时，可以过滤保留大分子有机物和包括细菌在内的所有尘埃颗粒；内层是高分子尼龙面料，保护物料接触面PTFE薄膜免受磨损。

（2）曝气系统。是一种智能控制系统，内置智能控制模块，高灵敏传感器，拥有多种曝气模式。可以根据不同的物料配比，调整曝气模式，使发酵物料处于最合适的发酵环境中，发酵更充分。

（3）远程控制系统。是一种远程操作管理系统，用户可以通过移动端的程序来观察、控制物料的整个发酵过程。同时，物料发酵过程中出现温度异常、设备出现故障停止运行等情况，会及时通过程序反馈给操作人员。

(4) 肥水回收利用装置（选配）。是一种能够循环利用堆肥发酵过程中产生的肥水装置。一方面可以将发酵过程中产生的肥水，通过循环系统返回到发酵堆体中，保持堆体在发酵过程中有合适的含水量。另一方面，可以将发酵过程中产生的肥水用来浇灌其他的作物。

(5) 生物发酵包。含有多种真菌和木霉菌的菌种。在堆肥的过程中加入，可以加速物料的纤维素分解等腐熟过程，微生物在分解物料的同时其生长活动可以产生多种对作物生长有益的物质。

(6) 收纳箱。长×宽×高为 1 110mm×910mm×820mm，安装曝气系统和远程控制系统。

(7) 曝气管道。对肥堆输送氧气，促进粪肥好氧发酵。

二、液体粪污处理集成技术

(一) 红泥膜集成技术

1. 技术模式（图 26-2）

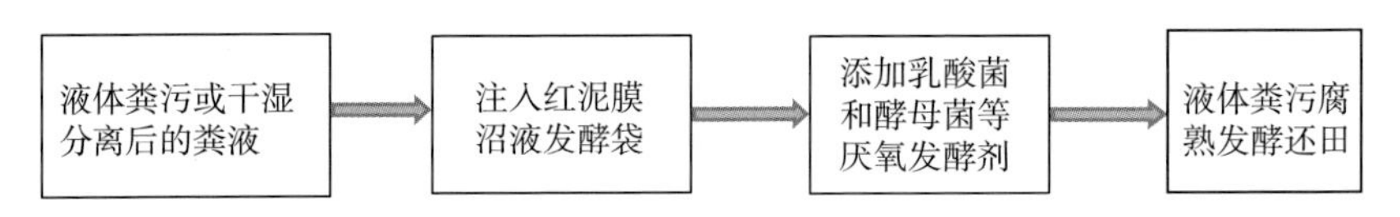

图 26-2 液体粪污处理集成技术模式（周祥玲 供图）

2. 工艺流程

选好位置，往地下挖与红泥膜尺寸相匹配的坑池，周边和底部平整后将红泥沼气袋放置其中。为了更好增温快速发酵，外围可搭建塑料拱棚或太阳板棚，将搜集粪液由入口注入红泥膜沼液发酵袋中，24h 内袋内温度升高，沼液开始发酵，若想达到快速发酵的目的，可按需往沼液中加入乳酸菌或酵母菌等（菌剂量大可加快发酵速度，但会增加发酵成本）。

(二) 配套设施装备

红泥膜沼液发酵袋。对畜禽液体粪污进行发酵处理。发酵袋耐高温可达 60℃，耐寒冻可达零下 30℃，抗高压，延展性强，抗耐磨，耐腐蚀。袋体存放就地深挖即可，操作方便，对土地要求不高，袋体可根据需求定做，可大可小，比较灵活，成本较低。该发酵袋包括软体可折叠沼液发酵袋、沼气储气袋、沼气升压泵、脱硫器，分水器、沼气输送管件。设备的主体是软体可折叠沼液发酵袋，使用高强度塑性材料（双面 PVC 夹网布或优质 PVC 拉伸膜），设有出气孔和进、出料口。

三、典型案例

该案例位于天水市武山县，是一个新型社会化粪肥处理服务组织，通过引进红泥膜液体肥厌氧发酵、微秸宝固态粪肥好氧发酵等先进轻型适用技术，与周边 30km 内的养殖场户签订粪污收集处理协议，与山丹镇等乡镇政府以及村委会通力协作，加强与农户的合作，对周边养殖场畜禽粪污和尾菜废弃物进行收集、发酵，制作沼液、固体有机肥供应周边蔬菜基地，年发酵固体粪肥、发酵沼液肥料 20 000~24 000t。辐射带动周边蔬菜产业发展核心区，形成了“区域性粪肥处理点+种植基地”农牧循环示范模式(图 26-3)。

图 26-3　武山富丰农业服务有限公司粪肥处理点（东付军　供图）

四、取得成效

（一）经济效益

2022 年，该公司共收集畜禽粪污 16 920t，粪肥还田 9 870t，完成了 17 149亩粪肥还田利用的任务。该公司 2022 年总收入 197. 1 万元，其中固体粪肥收入 22. 2 万元（150 元/t）、液体粪肥收入 16. 8 万元（20 元/t）、种养循环政策性收入 158. 1 万元，粪肥收购及处理生产成本 150 万元，净收入 47. 1 万元。

（二）生态效益

采用“混合肥底肥+沼肥+水施肥”的方式进行施肥，通过试验证明，施肥后土地土壤松软，增加土壤有机质含量，作物根茎叶长势健壮，修复结板土壤效果显著。农作物病虫害减少，化肥农药使用量减幅 50%以上，农作物的品质和产量也大大提高，提质增效明显。

（三）社会效益

该公司专门从事上门收集畜禽粪污，处理后直接运至田间地头，既解决了周边养殖场畜禽粪污处理资源化利用的负担，又满足了种植户对廉价优质有机肥料的迫切需求，种植户的施用意愿和接受程度比上年度大幅提升，实现了养殖场、种植户和经营人“三赢”的局面，真正打通了畜禽粪污资源化利用还田的“最后一公里”，切实履行了社会化服务组织的职责，为农业增效、农民增收发挥了重要作用，获得广大种养户的普遍认可。

推荐单位
甘肃省畜牧兽医局
天水市武山县畜牧兽医事务服务中心

申报单位
武山县畜牧兽医事务服务中心

纳米复合催化剂处理畜禽粪污集成技术

一、集成技术

兰州大学利用纳米复合催化剂处理畜禽粪污技术可应用于零污染、零有机物损失、零碳排放的畜禽粪污工程化解决方案，区别于传统堆肥的发酵过程，通过添加纳米复合催化剂至畜禽粪污中，可以直接快速、仅需“3~5h”切割及转化畜禽粪污以快速生产出完全腐熟的即用型有机肥，反应产物符合作物生长及安全的需求。该技术不但省时省力省空间，而且无污水、无毒、无臭，一举数得，仅需按照所需处理畜禽粪污的特性，搭配兰州大学研制的专用纳米复合催化剂，从而实现畜禽粪污的协同高效处理。

（一）技术原理

该技术融合了生物、物理及化学原理，运用纳米复合催化剂的“催化”原理，通过利用一系列催化剂，将畜禽粪污分解成更小、更易于土壤吸收的碎片，快速将有机物“转化”及“稳定腐熟”成有机肥，并可立即施用，时间很短，且无有机质等养分损失，因此相较于传统堆肥处理或高速发酵法，该技术完全可达到减碳的目标。该技术可以适应不同种类和规模的畜禽粪污处理需求，操作流程和所需设备配置可根据不同有机废弃物的具体特性进行优化调整。

（二）工艺流程（图 27-1）

（1）改质。利用有机废弃物辅料调整畜禽粪污的性质，如酸碱度、摩擦系数，以及去除异味。

（2）添加纳米复合催化剂。在通过改质步骤处理后的有机废弃物混合物之中添加纳米复合催化剂。

（3）预处理。将包含纳米复合催化剂的有机废弃物混合物充分混合均匀并且预热。

（4）反应。依据畜禽粪污的种类以预设的数个升温操作区间将物料逐步升温至完成温度，然后维持默认的时间长度逐渐干燥成为有机肥料。

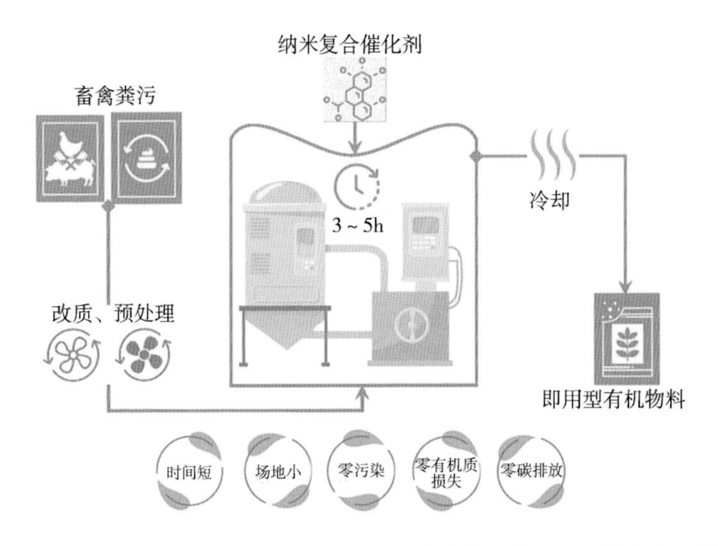

图 27-1　纳米复合催化剂处理畜禽粪污集成技术的工艺流程（徐光宇　供图）

二、配套设施装备

纳米复合催化剂处理畜禽粪污技术的模块化系统是指利用不同的组件和过程来处理畜禽粪污（图 27-2）。该技术中使用的组件包括模块化的设施设备和纳米复合催化剂，它们共同将畜禽粪污转化为高质量的肥料、土壤调理剂或饲料。这些模块的整合可以减少处理时间、空间需求和能源消耗。

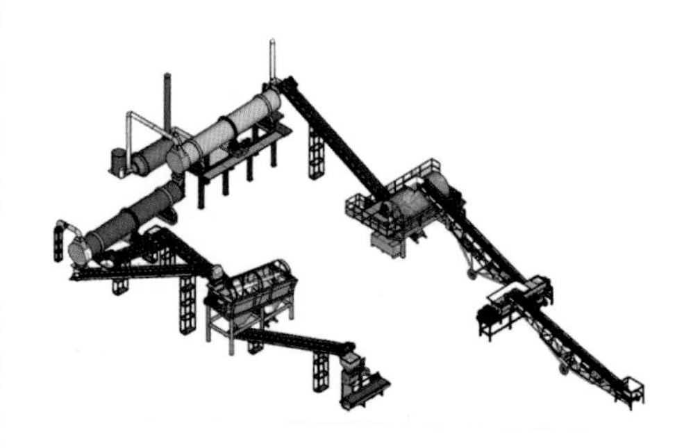

图 27-2　利用纳米复合催化剂处理畜禽粪污技术的设施装备（徐慰南　供图）

根据每日处理畜禽粪污量的需求，可选择搭配不同型式及规格的集成系统。批次型集成系统可根据企业需求设计流程路线，包含裂解模块、热能模块、干燥模块、电控模块、破碎模块、输送模块和中央控制系统。大量畜禽粪污处理可扩充多台后并联。

连续型集成系统是最高等级，也是高标准环保设备，适合大型畜禽粪污处理场采用，随禽畜粪污集中场所的需求可采用固定式或移动式设置。连续型集成系统提供定制设计的流程路线，包括临时存储进料、物料破碎、投入输送、出料输送、颗粒加工、称重和包装。系统具有工业计算机操作页面，加热能源可选择生物质燃料/天然气。

三、典型案例

（一）案例一

该案例位于白银市武川乡，2023年8月开始试运行，主要用于处理畜禽粪污，包括牛粪、羊粪等，其设计处理能力为8t/d（图27-3）。在投资建设方面，有机肥生产企业已经完成了高标准化的生产车间、成品库房和原料库房等基础设施建设。企业额外购置了裂解模块、破碎模块、输送模块等设备。在运营管理方面，企业负责从周边养殖场、尾菜中转基地和食用菌企业收集畜禽粪污等有机废弃物，并通过采用“纳米复合催化剂快速处理畜禽粪污技术”将其转化为凹凸棒石基复合微生物肥料。综合处理成本为300~400元/t。在资源化利用方面，年产凹凸棒石基复合微生物肥料约2 400t。案例实现了技术工艺标准化、模块化设计，开发了多种有机肥产品，形成了可推广、可复制的畜禽养殖废弃物综合处理利用创新模式。

（二）案例二

该案例位于黑龙江省牡丹江市，企业通过将畜禽粪污与秸秆或废弃菌渣按一定比例混合并添加纳米复合催化剂，不受外界环境温度的影响，高效地将其转化为有机肥料。设计最大处理能力达到100t/d，厂区占地面积约6 000m²（图27-4）。与使用化肥相比，采用这种技术制成的有机肥显著降低了农业生产成本，每公顷土地可节省372~487元。有机肥的使用不仅显著改善了土壤质量，还替代了化学肥料的使用，为循环农业可持续发展带来了积极影响。这一技术因其经济、环境和社会效益的显著优势，在牡丹江市展现出巨大的推广潜力。此外，它为东北地区特别是在冬季低温环境下的堆肥效率和发酵温度问题提供了解决方案。

图27-3　白银市企业定制批次型集成系统（徐慰南　供图）

四、取得成效

（一）经济效益

该技术将畜禽粪污转化为有机肥料等有价值的产品，降低废弃物处理成本和提高资源回收率，减少了废弃物处理和环境污染治理的成本，可应用于各种规模的畜禽养殖场，降低农户和企业的经营成本，提高养殖场（户）收入。

图 27-4　黑龙江省牡丹江市企业定制批次型集成系统（徐光宇　供图）

（二）生态效益

该技术可以有效减少畜禽粪污对大气、水资源和土壤等环境的污染，有助于生态环境的保护。生产的有机肥料可通过提供植物营养素，增加作物产量，减少化肥投入量；也可作为土壤调理剂，改善土壤性质，提高土壤肥力。

（三）社会效益

该技术将畜禽粪污中的有机质、氮、磷等重要养分转化为肥料，提高了资源利用率。同时，减少了疾病传播的风险，可改善生活环境和质量，创造就业机会，提高农村环境质量和农业生产效益。

推荐单位　　　　　　　　　申报单位

甘肃省畜牧兽医局　　　　　兰州大学

生物活性剂处理畜禽粪污集成技术

一、集成技术

（一）技术模式

利用土壤微生物活性剂对畜禽养殖废水进行处理。此技术是利用自然净化的原理，将土壤中栖息的具有净化效果的有益土壤菌群活化并制成生物活性剂，生物活性剂技术中的溶解性有机物接触到酚类或含酚类化合物的代谢产物后急速结合、粒子化、凝结，发生缩合反应变成巨大型分子，最终变化成土壤（污泥）的形态，适合土壤菌群栖息。

筛选出产生酚类或含酚类化合物代谢产物的土壤菌群，被活化的土壤菌群可产生含有苯酚或苯酚化合物的代谢产物，此类代谢产物与废水中的溶解性有机物发生凝结、缩合反应，并通过固液分离实现污染物的去除。污泥回流至原水培养池，回流污泥中的代谢产物与原水中的有机物发生反应，抑制原水的恶臭。剩余污泥中的土壤微生物代谢产物也会消耗残存的有机物，所以污泥即使在厌氧状态下长时间放置也不会产生恶臭。此技术用于畜禽养殖废水的好氧处理，能提高处理效率、降低处理成本、去除恶臭，同时好氧反应中产生的污泥可作为农用泥质使用，实现了对不同浓度畜禽养殖废水的处理及资源再生，解决畜禽养殖废水的处理处置难题。对畜禽粪污、尾菜等有机废弃物无害化处理、资源化利用后可生产出液体肥、土壤改良剂、除臭剂、有机肥发酵添加剂等产品。

主要适用于液体有机肥生产企业以及生猪、奶牛和肉牛规模养殖场的液体粪污处理。通过好氧环境的控制，创造有利于有益土壤微生物的生长环境，充分发挥有益土壤微生物的净化作用对废水进行处理，简化预处理，减少能耗，更加符合低碳环保理念，降低运行成本。

（二）工艺流程（图 28-1）

畜禽粪污、尾菜等有机废弃物原料入场后通过固液分离，分离出来的固体进行发酵做有机肥；液体收集到流量调节池经二级沉淀，送入尿液处理系统，将土壤中栖息的具有净化效果的有益土壤菌群活化并制成生物活性剂，用于畜禽养殖废水的好氧处理。运行时间 15d，前期曝气池按照 15d 总量进行设计，初次反应时间为 90d，90d 后每天按照曝气池量 1/15 进行补充反应。

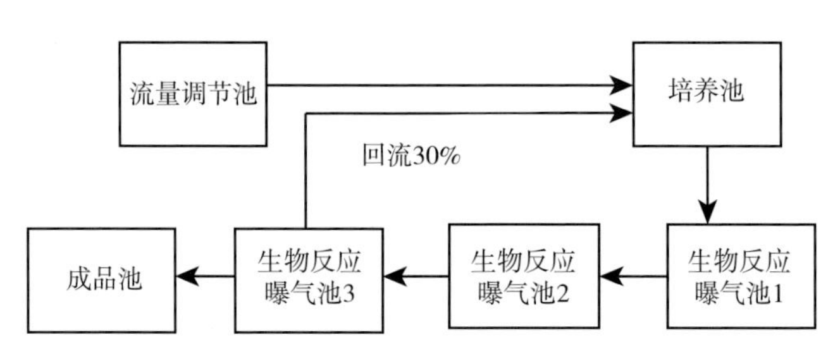

图 28-1　畜禽尿液原液发酵池工艺流程（祁仲龚　供图）

生物活性剂通过如下三种工序完成：

（1）活化工序。筛选、活化代谢产物为酚类的特定土壤菌群并制成生物菌剂（活性离子聚合剂）。

（2）反应工序。流入污水与生物菌剂充分接触、反应。

（3）分离工序。凝聚反应后通过固液分离实现污染物的去除。

（三）技术特点

（1）处理效果稳定。土壤菌群的稳定性强，有较好抗冲击能力，受外部温度等外因影响小。

（2）处理效率高。处理高浓度废水时无需稀释处理，拥有较高的处理效率。

（3）卫生效果好。使污水大肠杆菌含量低；可持续分解残留的有机物，不会发生剩余污泥腐败现象。

（4）运行管理费用低。对比固有的活性污泥法，减少了 20%~30%的运行管理费用，减少污泥脱水处理时高分子絮凝剂等药品的使用量。

（5）不产生恶臭。无需在处理工程内部添加氧化、发酵、分解工艺，通过充分的反应杜绝恶臭产生，无需额外脱臭设施。

（6）不产生泡沫。集水槽及曝气组内退回含有土壤菌群的污泥，不会有因合成洗剂及肥皂成分产生的泡沫。

（7）氮、磷去除率高。污水废水中含有的氮素和磷物质的去除率可达 60%以上。

（8）污泥的产生量低。剩余活性污泥的产生量相当于流入有机物量的 20%。

二、配套设施装备

尿液原料无害化处理池 7 个、生物培养罐、表面曝气机、纳米曝气机、流量调节器、生物活性剂投放包、耐腐蚀水泵、电控系统、固液分离机、吨桶（图 28-2、图 28-3）。

图 28-2　尿液原料无害化处理池（李晓峰　供图）

图 28-3　将土壤微生物活性剂喷洒在发酵的粪污上（李晓峰　供图）

三、典型案例

该案例位于定西市临洮县，占地 68 亩，其中厂房面积 16 000m²，办公面积 3 000m²。基地主要业务为畜禽粪污无害化处理，有机肥生产销售，液体肥生产销售。2022 年处理临洮县畜禽粪污 2 万余吨，菌渣 5 000余吨，为全县捐赠有机肥料 200 余吨，价值 20 余万元，带动养殖户和种植户增加收入 300 余万元。产品主要销往定西临洮县及省内其他县区（图 28-4）。

图 28-4　临洮县畜禽粪污资源化利用中心（整县推进）项目（祁仲龚　供图）

四、取得成效

（一）经济效益

年生产活性离子聚合剂 1 500t，年收入 300 万元左右。通过“以废换肥”推广应用农家有机肥，有利于推进绿色种养循环发展，提升农产品质量和市场竞争力，促进农业增效、农民增收。

（二）生态效益

有机肥可改良土壤，对作物具有增根、壮苗、抗逆、防病、增产、改善品质的功效，突出了高效、安全、优质等特性，农产品品质大大提升，促进畜禽粪污及其他农业废弃物的开发利用，保护生态环境。

（三）社会效益

基本满足临洮县南部片区畜禽规模养殖场液体粪污处理量，有效解决养殖企业、屠宰企业污染环境等农业面源污染问题。为全县畜禽粪污处理、种养循环结合、净化养殖企业环境方面树立样板和参考。

推荐单位
甘肃省畜牧兽医局
定西市畜牧兽医局

申报单位
临洮县畜牧兽医技术服务中心

羊场自动漏粪刮粪机一体化粪污处理集成技术

一、集成技术

铺设的羊床将粪便全部漏到底槽，由清粪系统按时刮到粪污收集堆放处，避免粪便对羊只和圈舍的污染。羊粪在粪污堆放处集中发酵为有机肥，运送至流转的玉米种植土地施用（在羊场周边）。种植的粮改饲玉米使用机械裹包收贮后，搭配精饲料，使用全程无残留无污染的自动饲喂系统饲喂肉羊（图 29-1）。

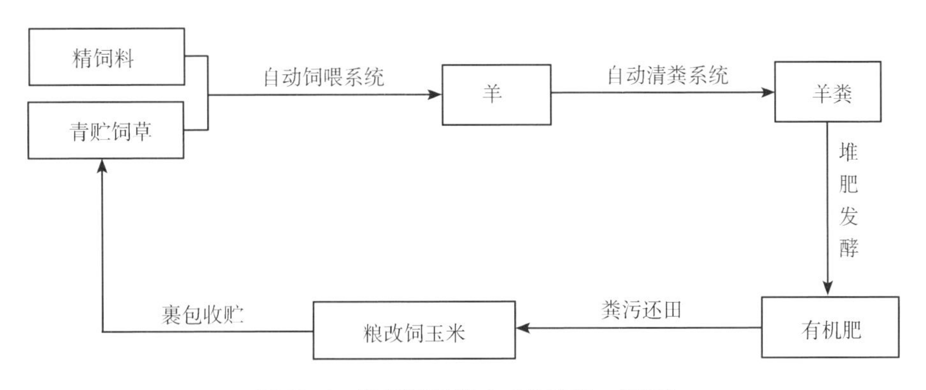

图 29-1　种养循环模式（马鸿程　供图）

二、配套设施装备

自动漏粪刮粪机一体化粪污处理系统，主要用于羊粪下漏，保持圈舍干净卫生，堆积的粪便通过刮板集中刮送到粪污处理区堆积发酵。在羊舍底部全部铺设不饱和树脂为基体加双层钢筋铸成的复合漏粪板，漏粪板下预留50cm 深的自动化清粪池，配备 8mm 钢绳和 4mm 厚刮板组成的电机功率2kW 的自动清粪机，通过清粪刮板及时将各排羊床底下的粪便清理到横向清粪池，再统一刮送到粪污传送履带上，由履带传送到粪污堆放发酵池内进行堆积发酵6个月以上（图29-2）。

图 29-2　自动清粪设备（马鸿程　供图）

三、典型案例

该案例位于临夏州广河县，流转土地1 000亩以上，种植加工优质玉米饲草4 000t以上，自家养殖场生产的有机肥全部用于还田。种植加工优质玉米饲草4 000t以上。羊粪便经刮粪板和传送带输送到粪污堆放区进行发酵，发酵腐熟后运送至周边流转的土地上，每年可节约化肥300t以上，种植专用青贮玉米等饲料作物，加工全株玉米等青贮饲料，建立种养结合、粮草兼顾的新型农牧业结构（图29-3）。

图 29-3　粪污发酵腐熟后用于土地流转种植粮改饲玉米（马鸿程　供图）

四、取得成效

（一）经济效益

自动清粪系统相较于传统的人工清粪，不受时间约束，提高了劳动效率。按照饲养 1 000只羊计算，可减少 2 名饲养员，饲养员工资按每人每月 5 000元计算，每年可节约 12 万元的成本。

（二）生态效益

大大提高有机废弃物的资源化利用，实现绿色生态循环发展，为农作物生产提供大量优质有机肥，对提高作物品质，保护生态环境，改善土壤理化性状，提高土壤肥力，为乡村粪污等农业废弃物综合利用提供新途径、新典范。

（三）社会效益

羊粪堆积发酵后的有机肥料可以增加土壤有机质含量，营养全面且肥效持久，还可增强土壤保水保肥能力，每年减少化肥使用量 300t 以上。通过种养循环、以养带种，建立种养结合、粮草兼顾的新型农牧业结构，实现种、养、销一体化，推动绿色发展的环境友好型现代农业。

推荐单位
甘肃省畜牧兽医局
广河县畜牧兽医发展中心

申报单位
甘肃卓优生态农业发展有限公司

粪污好氧堆肥循环集成技术

一、集成技术

（一）技术模式

粪污好氧堆肥循环利用技术利用畜禽粪便、农作物秸秆和黏土等原辅材料，通过发酵、自动配料、粉碎、造粒、烘干、冷却、分级筛分、检验包装、成品入库等工序，产出高品质的有机肥。

（二）工艺流程

1. 前处理

（1）原辅料要求。粪便在养殖场或者农户养殖地进行晾晒处理，使水分控制在60%以下，便于运输和发酵。辅料要具有良好吸水性和保水性、粒径不大于2cm、不得夹带粗大硬块。混在辅料里的硬块或金属物及长布线条等要先清除干净。

（2）配比工艺要求。原辅料C/N比控制在（25~35）∶1。配比后鸡粪、猪粪的含水量控制在50%~68%。容重控制在0.4~0.8g/cm^3。

2. 工艺流程（图30-1）

（1）发酵阶段。将简单发酵的畜禽粪便、农作物秸秆、尾菜等原辅材料加入发酵池内，人工配合使槽内物料堆形规范，当基质料堆温度降低、物料疏松、堆内产生白色菌丝发酵结束，物料发酵历时8d左右。随后用刮板提升机送入搅拌机充分搅拌，调整pH值在7左右，水分下降至40%以下。发酵过程中pH值变化经历酸性发酵和碱性发酵两个阶段。第一阶段由于大量有机酸的积累，导致pH值逐渐下降；第二阶段由于有机酸分解，产生大量的二氧化碳和甲烷，pH值迅速上升。堆肥发酵初期pH值由弱酸到中性，一般在6.5~7.5，腐熟堆肥一般呈弱碱性，pH值在8.0左右。每一天的上堆发酵原料作为一个批次，并插上堆肥发酵标识牌。原料上堆后在24~48h内温度会上升到60℃以上，保持48h后，开始翻堆，翻堆时务必均匀彻底，将底层物料尽量翻入堆中上部，以便充分腐熟。

发酵过程中把一次发酵后的物料堆成条垛，5~7d 翻抛一次，以利于均匀化和干燥。完整的堆肥发酵过程由低温、中温、高温和降温四个阶段组成。发酵温度一般在 50~60℃，最高时可达 70~80℃。温度由低向高现逐渐升高的过程，是堆肥无害化的处理过程。堆肥发酵在高温（45~65℃）维持 10d，病原微生物、虫卵、草籽等均可被杀死。此时物料应无任何异味，发酵结束。

（2）造粒工段。进入造粒机的粉状物料，按一定转速旋转进行造粒。借助造粒盘的旋转，使物料包裹在成粒核的表面，逐层增厚，逐步成粒，在特定的条件下，完成造粒工艺。粉肥完成造粒工序后，经刮板提升机输送至干燥机内，进入烘干工段。

（3）烘干工段。需烘干的物料进入设有特种组合的抄板干燥区，在烘干过程中要随时监控并根据工艺要求通过调节生物质燃料炉温度及尾气风机风量来调节烘干机炉头、炉尾的温度，使烘干物料达到最佳的烘干指标，由于微生物耐高温，根据进料量和进料水分调节烘干温度，控制烘干机内温度在 70~130℃。完成烘干作业的物料由皮带输送机输送至冷却工段。

（4）冷却工段。回转式冷却机主要用于有机肥产品干燥后的冷却，能直接将热的颗粒物料肥迅速冷却至接近常温，进入冷却机的物料在机体的旋转和倾斜作用下不断向前运动，同时引风机由冷却机尾部向头部引风与物料逆流相遇，带走物料的热量。在降温过程中，冷风也带走一部分水分，降低颗粒水分至含水量在 30% 以下。冷却后的物料便于及时快速包装，防止储存过程中的结块。该机采用微负压操作，减少了污染，改善了工作环境，具有结构合理、运行平稳、适应性强等特点。冷却后的物料由皮带运输机输送至分级筛分工段。

（5）分级筛分、大颗粒粉碎工段。分级筛分工段主要是对物料中的细粉、成品、大颗粒物料进行分离。其中以细粉分离的难度最大，所以对细粉筛分段的分配也较大些。首先，滚动筛分机对大颗粒进行分离，同时也对部分细粒进行分离。分离后的大颗粒经返料皮带，返回造粒机前粉碎工段，然后再次进行造粒。成品进入包装工段。

（6）检验包装、入库。成品送至包装机上的料仓内，卸至计量秤内按设定好的称重重量进行自动称量作业，称量后的物料通过输送机进入缝包段，缝包作业后入成品库。

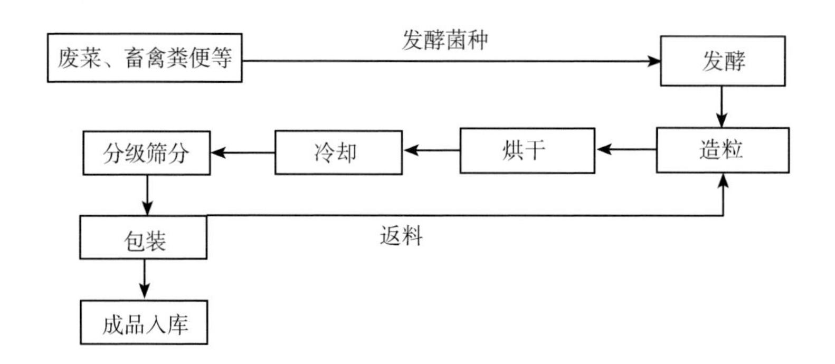

图 30-1 粪污好氧堆肥循环集成技术工艺流程（樊永强 供图）

（三）主要技术参数（表 30-1、表 30-2）

表 30-1 发酵物料 C∶N 计算

碳氮比计算	含碳	含氮	碳氮比	物料量/（万 t/年）	小计含碳量	小计含氮量
蔬菜种植废菜	50. 67	0. 8	63. 34	0. 7	35. 47	0. 56
农作物秸秆等农业废弃物	49. 21	0. 9	54. 68	0. 35	17. 2235	0. 32
牛粪	38. 6	1. 78	21. 68	3. 1	119. 66	5. 52
羊粪	16. 24	0. 65	24. 98	1. 22	19. 81	0. 79
鸡粪	30	3	10	0. 18	5. 4	0. 54
合计				5. 55	197. 56	7. 73

表 30-2 发酵条件

项目	允许范围	备注
有机质	50%~70%	最佳在 65%
C/N	（30∶1）~（35∶1）	腐熟后达到（15∶1）~（20∶1）
含水量	45%~65%	微生物对氧需求，过低影响有机质对微生物的供应
发酵温度	50~60℃	温度过高微生物呈现孢子状态，活性差
pH 值	6~8	最佳 6. 5~7
发酵时间	8~10d	

二、配套设施装备

圆盘造粒机、烘干机、生物质燃料炉、冷却机、分选筛、自动包装机、皮带运输机、配电系统、自动搅拌配料系统、运输铲车、装车运输机、码垛机、除尘系统、发酵翻堆机、集气罩等设备。

三、典型案例

该案例位于平凉市崆峒区，主要以牛粪、羊粪为原料，添加骨粉、菌剂、熟料回流的方式进行槽式好氧堆肥工艺，堆肥产品与经碳酸氢铵活化后的腐植酸混合，进行圆盘造粒，造粒后生产有机肥。通过此法生产的有机肥得到了彻底的腐熟，有机质含量高，颗粒有机肥高养分，易降解，施入土壤后不会产生二次发酵而烧根。可根据有机肥的用途选用不同的发酵物料，有机肥施入土壤后可以大量增加有机质含量，显著增加土壤酶活性，促进土壤中水分和养分的释放，特别是难溶性矿物质养分的释放，并增加植物糖粉含量，从而促进农作物的生长，大大改善产品品质（图 30-2）。

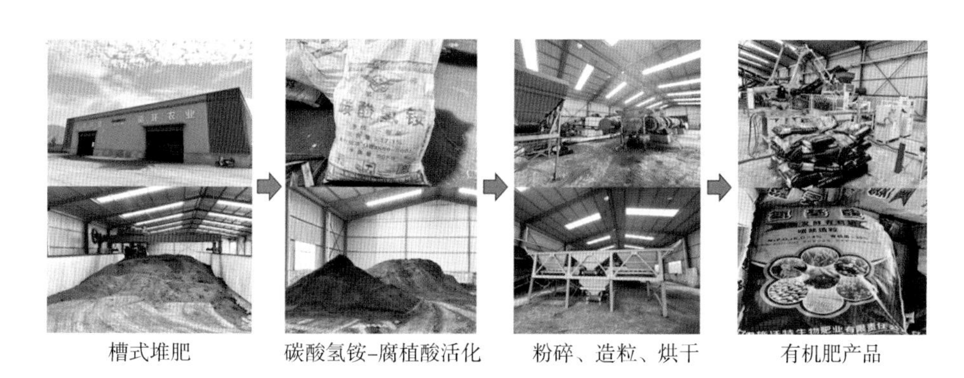

图 30-2　有机肥生产路径（丁喜红　供图）

四、取得成效

（一）经济效益

年可有效处理畜禽粪便 3. 59 万 t，以签订粪便回收协议的方式把养殖户和有机肥加工企业联系起来，可减少养殖场（户）的粪污处理成本，按协议价计算，正常年周围农户总收入在 435. 9 万元以上。

（二）生态效益

通过畜禽粪污资源化利用，能从根本上解决区域内畜禽粪污、农作物秸秆、尾菜等农业有机废弃物处理和资源化利用问题，改善土壤结构，提高耕地地力，促进粮食增量，有效保护环境。在减少各类废弃物生产对环境的污染的同时延伸了产业链，提高了畜牧产业的有效产出。

（三）社会效益

立足于当地的资源优势和产业比较优势，在减少各类农业废弃物环境污染的同时，延伸了产业链，提高了畜牧产业的有效产出。走种植、养殖、加工为一体的循环农业发展模式，创造更多的就业机会，有利于增加农民收入。

推荐单位
甘肃省畜牧兽医局
平凉市崆峒区畜牧兽医中心

申报单位
甘肃施沃特生物肥业有限责任公司

畜禽粪污处理中心好氧堆肥集成技术

一、集成技术

（一）技术模式

生产高品质固体有机肥所用的技术，是先进的物理转鼓造粒工艺，该工艺技术成熟，产品质量稳定，属清洁生产，而且设备选型工艺属低能耗环保型，无污染，对当地主要养殖肉牛产生的粪污进行资源化利用，实现了循环经济发展模式。可有效解决规模化养殖畜禽粪污集中处理和农村农业生态环境治理问题，生产采用先进的生物技术对各种有机肥料资源进行无害化处理、加工形成有机肥料、含氨基酸水溶性肥料、生物有机肥料、复合微生物肥料等产品。

（二）工艺流程（图 31-1、图 31-2）

二、配套设施装备

包括滚筒筛分机-GS-2660、铲车料仓-GS-2660、湿料破碎机-SP600、自动配料机、双轴链磨-SZLM-800、转鼓（圆盘）造粒机-ZG2890、圆盘造粒机-PY4000、烘干机、鼓风机、引风机、冷却机、粉碎机、包膜机、旋风除尘机、皮带输送机、筛分除尘管、喷淋泵、计量扑粉机、温控搅拌罐、

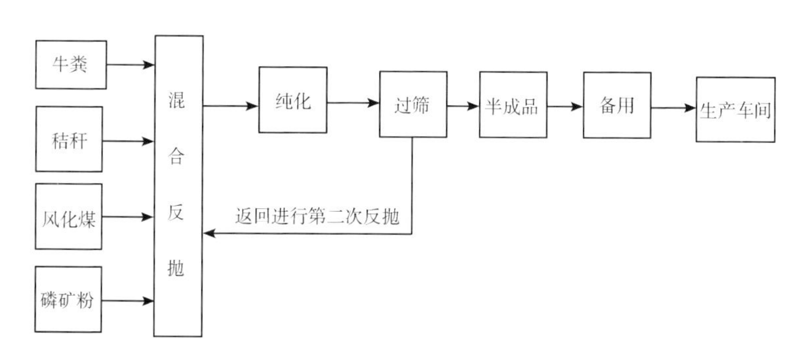

图 31-1　发酵车间工艺流程（张恒　供图）

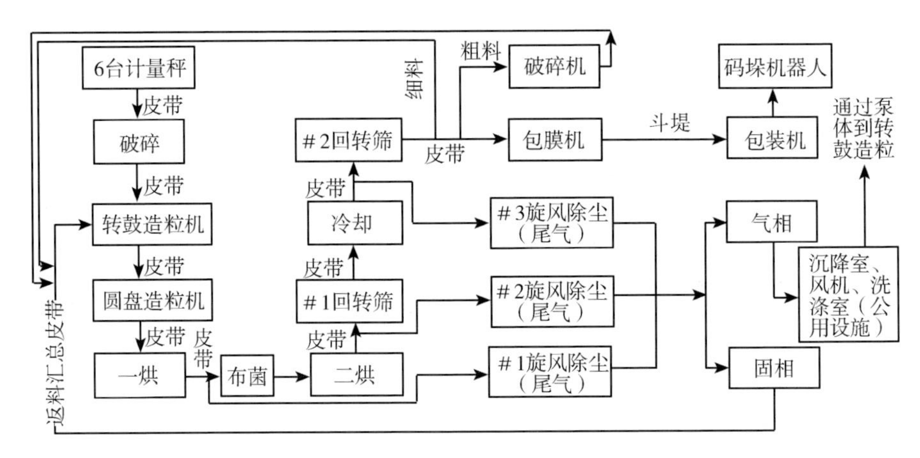

图 31-2　生产车间工艺流程（张恒　供图）

测温仪、负压表、蒸汽锅炉、翻抛机、粉末包装机、码垛机器人、生物质手烧炉和链排热风炉、水泵螺杆式空压机、合力内燃式叉车、柳工液压挖掘机、装载机等设施设备。

三、典型案例

该案例位于平凉市崆峒区，建设以畜禽粪污资源化利用为主，年产 10 万 t 的有机肥生产线，利用槽式堆肥全自动生物有机肥生产线和物理辊压等先进技术，生产高品质有机肥。充分利用崆峒区 40 个粪污集中收集中心，按照“养殖场（户）+集中收集中心+有机肥生产线”处理路径，构建起粪污资源化利用“金字塔”模式，实现全区畜禽养殖废弃物统一收集、集中处理。该基地收集养殖户牛羊粪加入生物菌剂采取高温发酵后，将鸟粪石、秸秆粉、糠醛渣、盐矿物等按一定比例配料，进行精准配伍，对堆肥全程调控，实现堆肥产品固碳、保氮、蓄钾、活磷、增钙镁的目的，生产全量高品质有机肥（图 31-3）。不断加强与省内农业管理部门、农技推广单位的联系与合作，运用标准化手段，规范生产技术，建立新产品研发、推广、生产一体化新机制，不断研发适合区域特色、农作物特点的新型有机肥料。主要产品有三种有机肥：一是以崆峒地区优势农业种植结构为重点，研发适合平凉地区经济作物种植的新型有机肥料；二是以省内主要农业种植区、牧草生长区为核心，研发适合油菜、小麦、马铃薯、牧草等作物的专用有机肥料；三是针对各级农业示范区，特色农业种植区，按照现代农业高产、优质、高效、生态、安全的要求，研发适合各类土质、各类作物的新型测土配方肥料。

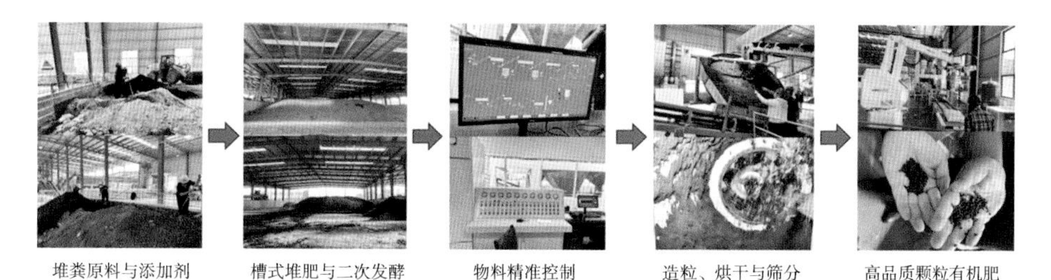

图 31-3　高品质颗粒有机肥（固碳+保氮+减排+蓄钾+活磷+增钙镁）智能精准化生产模式（丁喜红　供图）

四、取得成效

（一）经济效益

全面提高化肥的使用和利用效率，降低农户化肥使用成本，增加农产品附加值。预计年处理畜禽粪污 30 万 t，生产生物有机肥、复合微生物肥、水溶性肥等产品 10 万 t，实现各类工业产值约 1.2 亿元。

（二）生态效益

通过成熟的有机肥加工技术、工艺及产业化运作模式，生产适合于当地种植业生产需要的有机肥，既解决了农业废物再利用的问题，又减轻了环境污染，可改变长期以来外购有机肥的需求格局，在一定程度上改变区域内农业生产资料的紧张局面，为区域内加快发展现代绿色种养结合循环农业提供支持。

（三）社会效益

以产品加服务的营运模式，注重新型肥料的施用技术研发及各类创新农业技术推广，拓宽服务领域，促其产前延伸、产后拓展，不断深入拓展测土配方技术、科学种植技术的推广，带动解决就业约 300 人，提高农民收益，极大限度地延伸了平凉红牛产业链，助力崆峒区乡村振兴战略的实施。

推荐单位
甘肃省畜牧兽医局
平凉市崆峒区畜牧兽医中心

申报单位
甘肃丰谷高科生态工程有限公司

万头生猪规模养殖场水泡粪黑膜发酵全量还田集成技术

一、集成技术

（一）技术模式

万头生猪规模养殖场水泡粪黑膜发酵全量还田集成技术是一种以绿色循环农业为理念，将养猪场粪污转化为可利用资源的高效、经济、实用的综合技术。这套技术通过对粪污进行发酵处理，实现粪污的零排放，从而改善养殖场的环境，降低养殖成本，提高养殖效益。这种技术适用于万头规模的养猪场，对于推动农业绿色发展和可持续发展具有重要意义。

猪场采用水泡粪工艺，猪舍主体分为地上和地下两部分，地上部分为猪舍，地下部分为粪污收储。每栋猪舍下方修建存储猪粪尿废水的深坑，通过抗压排污管道与沉淀池连接；深坑铺设漏粪板，生产过程中产生的粪污、废水通过漏粪板排入深坑，存储收集，当深坑收集满后，将底部堵粪塞拔起，通过地下粪污管道和固液搅拌机排入沉淀池；利用挤压式固液分离主机进行物理性分离，分成干粪和粪水。

干粪经过自然堆肥发酵降解，能够达到还田标准，可作为有机粪肥施用到农田，增加土地养分，改善农田土质。粪水进入沼气池，经过厌氧发酵产生沼气，在此过程中去除了80%以上的化学需氧量（COD），并杀灭病原菌和蛔虫卵等；经过充分发酵的沼液自流入沼液氧化塘，在缺氧环境下，经过硝化菌、反硝化菌、聚磷菌、嗜磷菌等微生物的复杂生物反应，经3个月左右的氧化存储，可达到降低氨氮、除磷的作用，在此过程中由于微生物的繁殖，消耗了一定量的COD，形成一种有机、安全、无害的高效液态沼肥，这种沼液可施用于农田、果树，提高农产品的品质和产量。

（二）工艺流程（图32-1）

二、配套设施装备

排污管道：用于输送猪舍的粪尿、废水到沉淀池，该管道必须要具有一

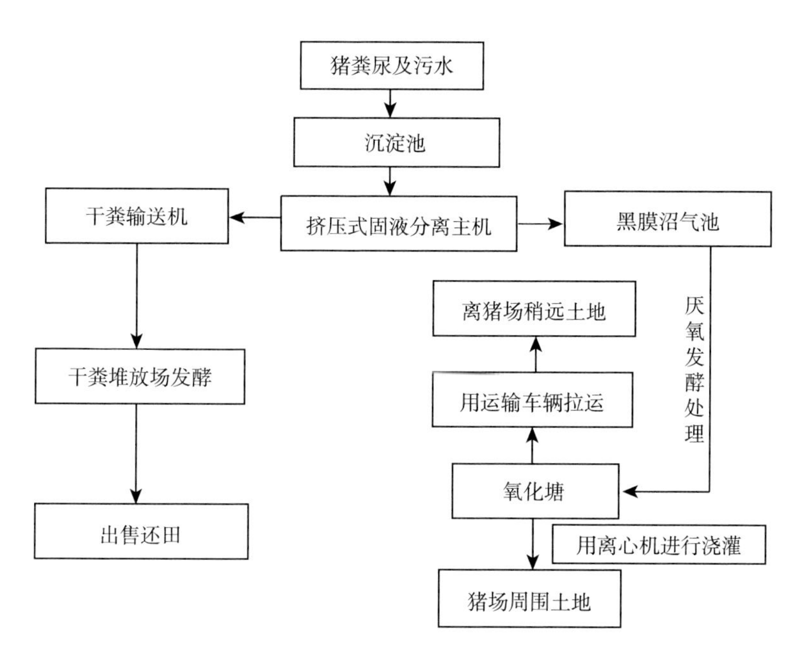

图 32-1　水泡粪黑膜发酵全量还田集成技术工艺流程

定的抗压性，需要≥6 个标准大气压。

排污检查井：每栋猪舍的连接处需要修建一个排污检查井，用于清理杂质，防止排污管道堵塞。

沉淀池：用于收集整个猪场的粪污及废水，根据猪场的养殖规模，设计沉淀池的大小，该养殖场设计并配套有 $700m^3$ 的沉淀池。

搅拌泵：用于将沉淀池中粪和污水搅拌均匀，保证干湿分离机的正常运行；根据沉淀池大小，决定搅拌泵的数量。

切割泵：用于将沉淀池中搅拌均匀的粪污提升到干湿分离机上。

干湿分离机：将粪污进行干粪和粪水的分离。

堆粪场：用于从干湿分离机中分离出来的干粪，进行堆积发酵。

黑膜沼气池：用于从干湿分离机中分离出来的粪水进行高温厌氧发酵。

氧化塘：属于缺氧发酵，沼液在缺氧环境下，经过硝化菌、反硝化菌、聚磷菌、嗜磷菌等微生物的复杂生物反应，经过 3 个月左右的氧化存储，达到降低氨氮、除磷的作用，同时由于微生物的繁殖消耗一定量的 COD，使最终出水达到有机、安全、无害的高效液态沼肥，施用于农田、果树可以很好地提高农产品的品质和产量。

离心机、污水泵：用于将氧化塘的粪水还田、浇灌。

吸污车：用于拉运沼液到离猪场较远的温室菜棚及农田进行施肥。

运输车辆：用于拉运堆积发酵好的干粪进行还田。

三、典型案例

万头生猪规模养殖场水泡粪黑膜发酵全量还田集成技术在青海福源农牧科技有限责任公司的养殖过程中得到了广泛应用，该公司位于青海省西宁市湟中区，专注于生猪养殖、销售及生鲜肉销售。现有占地 45 亩的生猪养殖基地，设计能繁母猪存栏 600 头，生猪年设计出栏 11 000头。公司采用水泡粪黑膜发酵全量还田技术，以绿色环保农业为发展方向，实施种养结合的养殖理念。为充分利用粪污资源，公司与周边农户、温室大棚及种植合作社签订 2 000多亩消纳合同，将沼液、干粪用于农田灌溉及施肥等，真正实现种养结合，粪污零排放。

在种植方面，公司采用循环农业模式，春季耕种前将沼液、沼渣作为底肥施用于农田；农作物生长期，通过污水泵将沼液直接泵入农田进行追肥；秋季农作物收割后，再次将沼液灌溉施肥。这种模式有利于降低养猪场对周边环境的污染，降低粪便处理成本，同时周边农户和种植合作社也可以受益于沼液、沼渣作为肥料的使用，降低生产成本，提高产量和收入，减少化肥的使用量，有利于生产更加健康的农产品，提高土壤质量，保护生态环境（图 32-2、图 32-3）。

图 32-2　离猪场稍远地方土地施肥
（宋生熹　供图）

图 32-3　施肥后农作物的长势
（宋生熹　供图）

四、取得成效

（一）经济效益

经过堆积发酵的干粪全部出售给温室大棚，沼液部分出售给温室大棚，部分向周边农户免费提供。按照目前的规模，每年出售干粪及沼液的收入约为 5 万元。

（二）生态效益

农牧结合的方式直接将粪污远离生活区，减少了环境污染和病害传播。粪污的还田使用明显增加土壤中作物所需养分的含量，提高土壤的通透性，保持水土，改良土壤的耕作性能。此外，粪污还具有改善土壤理化和生物学性质、培肥地力的作用，是处理粪污、发展生态农业的重要途径。

（三）社会效益

与传统的堆积方式相比，经过堆积发酵处理的粪污对环境的污染较小。简单的清运堆积方式在储存、堆放过程中可能会传播疫病，不利于生态环境的保护。而沼气处理方式能够产生清洁能源，沼渣和沼液的综合利用有利于发展生态农业，具有一定的推广价值。

推荐单位 申报单位
青海省畜牧总站 青海福源农牧科技有限责任公司

蛋鸡规模养殖场粪污好氧发酵罐集成技术

一、集成技术

（一）技术模式

鸡粪固液分离、高效利用的集成技术是将蛋鸡养殖场产生的鸡粪进行简单的固液分离处理后作为有机肥生产主要原料堆放储存。然后将分散在周边的肉鸡、蛋鸡养殖户产生的粪污进行全量收集，同时加入锯末、秸秆、食品原料残渣等干料和分离处理后形成的沼液，充分搅拌形成含水率约为 70% 的物料后加进入有机肥好氧发酵罐进行好氧发酵，在好氧条件下，微生物吸收、分解和氧化物质。微生物通过自身的代谢活动，促进部分有机物氧化成简单的无机物，并释放能量，另一部分有机物合成新的细胞物质，保证微生物快速生长繁殖。当发酵过程进入 45~70℃ 阶段时，可进一步促进微生物的生长和代谢，同时，60℃ 以上的温度可以杀灭粪污中的有害菌、寄生虫卵等有害物质，同时平衡有益菌的生存温度、湿度和 pH 值，满足有益菌的生存条件。随着物料的不断添加，罐内微生物不断繁殖，使鸡粪达到无害化处理。处理后的塑料可直接用作肥料，也可作为原料生产复合有机肥。

（二）工艺流程

蛋鸡规模养殖场粪污好氧发酵罐集成技术工艺流程如图 33-1 所示。

二、配套设施装备

固液分离机：将肥料中的固体和液体成分分离，提高粪污的有效利用率。

卧式混料机：将各种生产原料充分搅拌混合，确保物料的均匀混合。

好氧发酵罐：为好氧发酵过程提供合适的环境，使均匀混合其他物料的鸡粪充分腐熟，基本达到无害化条件。

计量料仓：存储原料，并为发酵过程提供准确的物料计量。

圆盘造粒机：将肥料原料制成颗粒状，提高肥料的使用效率。

烘干机：去除腐熟后肥料中的水分，便于储存和运输。

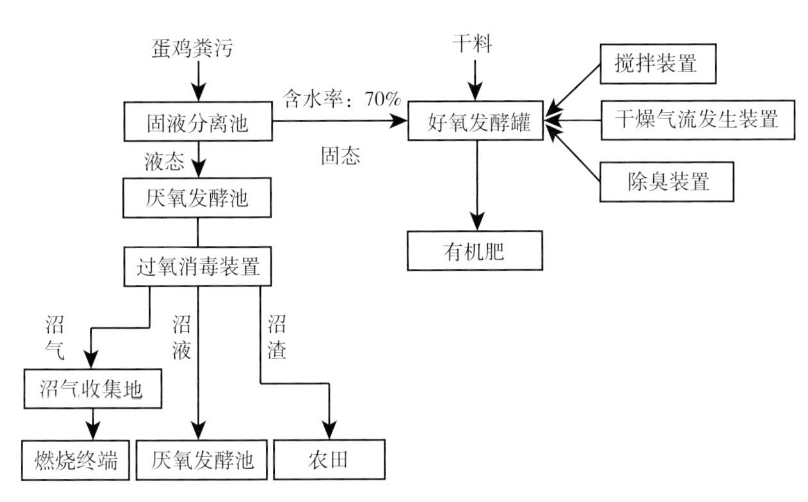

图 33-1 好氧发酵罐集成技术工艺流程

冷却机：冷却高温造粒后的肥料，便于包装和储存。

成品筛分机：将合格的肥料产品与不合格的筛分开来，保证产品质量，同时将不合格产品返回至粉碎系统重新加工。

立式粉碎机：将肥料原料粉碎，提高混合均匀度。

三、典型案例

青海省海东市循化撒拉族自治县以青海化青生物科技开发有限公司为基础，打造了一个集家禽养殖、饲料加工、家禽屠宰、食品加工、有机肥生产、店面连锁销售为一体的现代化全产业基地，基地蛋鸡养殖规模达 32 万羽，年产鲜鸡蛋 5 200t，鸡饲料 10 000t、年生产有机肥 30 000t，实现产值约 1.04 亿元，带动当地脱贫户就业 110 人，人均年收入达 40 000元以上，直接带动当地困难群众增收 440 万元以上。

该基地建有总容积为 360m^3、罐体式结构的畜禽粪污好氧发酵设施，通过好氧发酵、中层过滤等原理，将养殖粪污转化为优质肥料，实现资源化利用和产业增收。不但能够有效解决基地养殖过程中生产过程中产生的所有粪污，同时能够有效解决养殖场周围乡镇养殖大户及散养户养殖过程中产生的畜禽养殖粪污。形成了养殖粪污的收集、暂存、处理、利用的良性循环（图 33-2 至图 33-5）。

2019 年 8 月起，基地同循化县政府合作，租赁吸粪车，收集没有粪污消纳能力的养殖场户产出的养殖粪污，运送至暂存池，进行好氧发酵、中层过滤等处理，将粪液转化为优质肥料。随后，通过吸粪车将这些肥料运送至种植业基地进行全量还田利用，形成了“粪+沼+菜（果）”“粪+肥+粮（菜）”等循环模式，提高了畜禽粪污的资源化利用率，推动了当地养殖业和种植业的可持续发展。

图 33-2　120m³ 好氧发酵罐
（马忠明　供图）

图 33-3　有机肥生产加工车间
（马忠明　供图）

图 33-4　有机肥成品包装车间
（马忠明　供图）

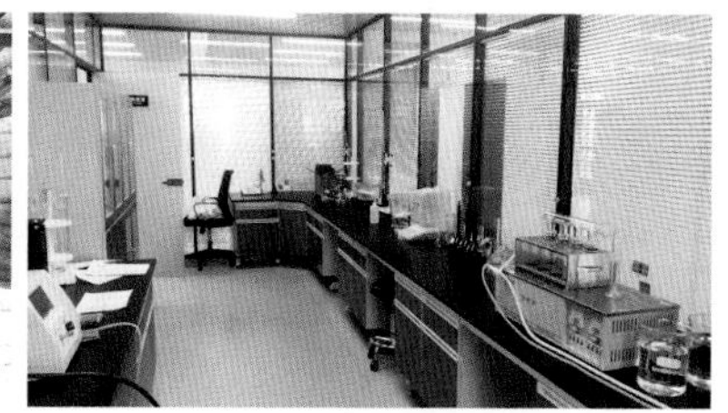

图 33-5　有机肥质量检测化验室
（马忠明　供图）

截至 2023 年，公司服务范围涉及养殖户 20 家，蛋鸡、肉鸡 50 万羽；与种植大户签订 10 000亩、与蔬菜种植户签订 2 000亩的粪污消纳协议，实现养殖粪污收集、暂存处理、种植业利用的良性循环，通过先进的技术和创新的运营模式，为其他地区提供了宝贵的经验和借鉴。

四、取得成效

（一）经济效益

青海化青生物科技开发有限公司蛋鸡养殖粪污资源化利用项目总投资 2 300万元，日处理粪污能力达 360m³，年内可处理粪污 9.6 万 m³，用于还田每亩可增收 300 元左右，为百姓增产增收提供有力保障。通过农家肥还田，还能有效调整土壤结构，改善耕地地力，实现生产清洁化、废弃物资源化、产业模式生态化，推进有机肥替代化肥的综合利用。此外，该项目的实施还有助于降低生产成本，提高农业生产效率，促进农业可持续发展。

（二）生态效益

该项目实现养殖粪污收集、暂存、处理、利用良性循环，改善了当地粪污资源化利用水平，提高了粪污资源化利用能力，减少了养殖粪污对周边环境的影响，进一步保护生态环境。此外，该项目还有助于提高当地土壤肥力，减少化肥使用量，促进农业绿色发展。

（三）社会效益

县内规模以下养殖量占比约为63%，通过多年的产业结构调整，形成了为养而种、种养结合的产业互补结构。项目的实施及投入解决了周边多个村牛羊鸡粪便乱堆、乱放现象，改善农村人居环境，提高农民生活质量。同时，该项目的实施还能提高村民的环保意识，促进乡风文明建设。

推荐单位
青海省畜牧总站
循化撒拉族自治县畜牧兽医站

申报单位
青海化青生物科技开发有限公司